深度学习系列
DEEP LEARNING SERIES

PyTorch
生成对抗网络编程

[英] 塔里克·拉希德（Tariq Rashid） 著　韩江雷 译

U0299844

人民邮电出版社
北　京

图书在版编目（CIP）数据

PyTorch生成对抗网络编程 /（英）塔里克·拉希德
(Tariq Rashid) 著；韩江雷译. -- 北京 ：人民邮电出
版社，2020.12
（深度学习系列）
ISBN 978-7-115-54638-8

Ⅰ．①P… Ⅱ．①塔… ②韩… Ⅲ．①软件工具－程序
设计 Ⅳ．①TP311.561

中国版本图书馆CIP数据核字(2020)第146958号

◆ 著　　　　［英］塔里克·拉希德（Tariq Rashid）
　　译　　　　韩江雷
　　责任编辑　陈冀康
　　责任印制　王　郁　焦志炜
◆ 人民邮电出版社出版发行　　北京市丰台区成寿寺路 11 号
　　邮编　100164　　电子邮件　315@ptpress.com.cn
　　网址　https://www.ptpress.com.cn
　　涿州市般润文化传播有限公司印刷
◆ 开本：720×960　1/16
　　印张：13.75　　　　　　　　　2020 年 12 月第 1 版
　　字数：175 千字　　　　　　　2024 年 11 月河北第 11 次印刷
　　著作权合同登记号　图字：01-2020-3618 号

定价：79.00 元
读者服务热线：(010)81055410　印装质量热线：(010)81055316
反盗版热线：(010)81055315
广告经营许可证：京东市监广登字 20170147 号

内容提要

生成对抗网络（Generative Adversarial Network，GAN）是神经网络领域的新星，被誉为"机器学习领域近20年来最酷的想法"。

本书以直白、简短的方式向读者介绍了生成对抗网络，并且教读者如何使用PyTorch按部就班地编写生成对抗网络。全书共3章和5个附录，分别介绍了PyTorch基础知识，用PyTorch开发神经网络，改良神经网络以提升效果，引入CUDA和GPU以加速GAN训练，以及生成高质量图像的卷积GAN、条件式GAN等话题。附录部分介绍了在很多机器学习相关教程中被忽略的主题，包括计算平衡GAN的理想损失值、概率分布和采样，以及卷积如何工作，还简单解释了为什么梯度下降不适用于对抗式机器学习。

本书适合想初步了解GAN以及其工作原理的读者，也适合想要学习如何构建GAN的机器学习从业人员。对于正在学习机器学习相关课程的学生，本书可以帮助读者快速入门，为后续的学习打好基础。

译 者 序

近年来，机器学习、神经网络等人工智能相关技术发展迅速，在许多应用领域取得了令人瞩目的成就。越来越多的普通人也得以亲身体验到人工智能带来的变化和便利；与此同时，越来越多的专业人士投入人工智能技术的研究和开发中。成功的应用案例加上高活跃度的从业群体，使智能社会的愿景越来越接近现实。

对许多初学者来说，学习人工智能技术首先要面临两大挑战。第一大挑战便是对于一项技术的理论基础以及工作原理的理解。在很多教科书中，理论的讲解通常需要大量的数学公式和推导过程。第二大挑战是，即便初学者理解了理论，但要将公式转化为可运行的代码，仍然要求初学者具有扎实的编程能力。有没有这样一本书，可以结合理论和编程，帮助初学者快速入门呢？本书正是这样一本入门教程。本书搭配简洁的代码和图表，解释核心的理论要点。书中的代码易懂且实用，可以帮助读者在短时间内构建可运行的模型。同时，模块化的代码可复用性强，方便读者举一反三。

生成对抗网络（Generative Adversarial Network，GAN）是神经网络领域的新星。传统神经网络架构具有局限性，一般只能根据输入数据进行类别或数值预测。相比之下，训练后的GAN能自主生成全新的数据，应用潜力巨大。自从伊恩·古德费洛（Ian Goodfellow）关于GAN的论文首次发表后，GAN在业界受到了广泛的关注，引用和扩展GAN的工作层出不穷。本书介绍的图像生成案例极具代表性，其应用GAN的实际效果也很明显。阅读本书之后，读者可以发挥想象力，用其他图像数据集或其他类型数据训练GAN。同时，本书对训练GAN的主要挑战的讨论，也十分具有启发性。

通过翻译本书，译者希望能够帮助更多的中文读者了解并掌握GAN这项新的技术，并对人工智能有新的理解和体验。由于中英文的使用习惯有所区别，并且大量技术名词没有统一的中文译名，翻译中难免有值得商榷之处，希望广大读者批评指教。

韩江雷

前　　言

人工智能（AI）大爆炸！

近年来，我们一起见证了机器学习和人工智能的飞速发展，重要的技术突破层出不穷。

如今，智能手机不但能听懂我们说了什么，甚至可以将我们说的话翻译成多种语言；自动驾驶汽车在安全性上已经接近了人工驾驶的水平；在一些疾病的诊断上，计算机甚至比有经验的医生更准确、更快捷。

围棋起源于中国，迄今已有超过3 000年的历史。尽管与国际象棋相比，围棋的规则更简单，然而其长期策略的复杂度却远远超过国际象棋。最近几年，研究人员开发的机器学习系统频频击败人类围棋世界冠军。不仅如此，该系统甚至通过自学成就了一套3 000年来无人领悟出的新策略！

计算机在学习完成一个任务的过程中发现新的策略，这是整个机器学习领域的一个重大成就。

创意人工智能

2018年10月，久负盛名的佳士得（Christies）拍卖行以43.25万美元卖出了一幅画作。这幅画作的作者不是人，而是一个神经网络。一幅由人工智能创作的艺术品以如此高价成交，创造了一项新的历史。

该神经网络是由一种新型的、令人兴奋的"对抗训练"技术训练的。我们称该架构为生成对抗网络（Generative Adversarial Network，GAN）。

能够创作以假乱真的画作，使GAN备受关注，特别是创意科技领域对GAN技术产生了浓厚的兴趣。GAN的作品并非单纯地从训练样本中复制、模仿，也不是将多个训练数据糅合、平均。这也正是GAN有别于其他机器学习形式之处：GAN已经超越了单纯的复制、平均训练数据，转而开始学习真正的创作和绘画。

神经网络专家杨立昆（Yann LeCun）称GAN为"机器学习领域近20年来最酷的想法"。

年轻的GAN

相比于传统神经网络数十年的研究和积累，GAN是在2014年由伊恩·古德费洛（Ian Goodfellow）发表论文之后才崭露头角的。

这意味着，GAN的研究才刚刚起步，有无限的创造、探索空间。

同时，这也意味着，我们尚未完全理解如何像训练传统神经网络一样训练GAN。如果可以正确运行，GAN会非常有效。然而，大多数时候GAN并不能正常运行。现今，许多研究者正在针对GAN如何运行以及为何失败等问题进行研究。

本书适合的读者

本书适合希望初步了解GAN以及其工作原理的读者。本书同样适用于希望学习如何使用工业级软件构建GAN的从业人员。

对于较复杂的概念，本书会尽量使用通俗易懂的语言，配以大量插图加以解释。本书会尽量避免使用不必要的术语和数学公式。

本书的目标是，帮助具有不同背景的读者了解GAN，并可以亲自动手搭建GAN。

本书并非一本GAN的百科全书，无法涵盖其方方面面。我们有目的地节选了最精华的部分，足够为读者深入研究做好准备。

对于正在学习机器学习相关课程的学生，本书可以帮助他们快速入门，为接下来的学习打好基础。

如何使用本书

学习一门技术最好的方法莫过于亲自动手。正因为如此，本书通过逐步动手操作的方法，对概念和理论进行解释。

即便读者按部就班地按照书中指示操作，仍可能会遇到问题。经历失败并寻找解决方案的过程是一种宝贵经历，甚至比从头到尾读一遍GAN的论文更有价值。

神经网络

GAN由神经网络组成。虽然本书会帮助读者重温相关内容，但我仍推荐自己的另一本书《Python神经网络编程》（*Make Your Own Neural Network*）。它专门介绍神经网络及其运行原理，非常适合初学者。同时，它也包括微积分（calculus）、梯度下降（gradient descent）等内容，我们在学习GAN的过程中也会用到这些知识。

该书中文版已由人民邮电出版社出版，详细介绍参见https://www.epubit.com/bookDetails?id=N34292。

另外，该书也介绍Python编程，可以帮助读者构建简单的神经网络。

免费和开源内容

本书提及的构建GAN所需的工具和服务都是免费或开源的。我们希望帮助更多读者了解并学会构建神经网络和GAN，因此免费和开源工具十分重要。

Python是最受欢迎、最容易上手的编程语言之一。它已经成为机器学习和人工智能领域的标准语言。它拥有活跃的全球社区以及完善的库生态系统。

目前，谷歌（Google）提供一个免费的网页版Python开发环境——Google Colab。这意味着，我们无须安装Python或任何软件，仅需要一台计算机和一个浏览器，即可完全在Google Colab上开发并运行强大的神经网络。

PyTorch是Python的一个扩展工具集，它简化了设计、构建以及运行机器学习模型的流程，与TensorFlow并列为最流行的机器学习架构。

同时，这些工具常用于工业界，保证读者可以学以致用。

作者的话

如果读者在读完本书之后，依然无法理解GAN，或者无法亲手构建一个简单的GAN，我的任务就算失败了。

本书中的内容已在一定范围内的学生和研究人员中测试以确保有效。如果读者有任何疑问，请通过makeyourownneuralnetwork@gmail.com或者GitHub与我联系。

最后，我强烈建议读者参加当地的机器学习社区。在小组的支持下，学习的效果可以得到很大提升。同时，读者可以分享自己的项目，学习其他人的工作，乐趣无穷。

我们一起加油吧！

资源与支持

本书由异步社区出品，社区（https://www.epubit.com/）为您提供相关资源和后续服务。

配套资源

本书提供配套资源下载，想要获得配套资源，请在异步社区本书页面中点击 配套资源 ，跳转到下载界面，按提示进行操作即可。注意：为保证购书者的权益，该操作会给出相关提示，要求输入提取码进行验证。

提交勘误

作者和编辑尽最大努力来确保书中内容的准确性，但难免会存在疏漏。欢迎您将发现的问题反馈给我们，帮助我们提升图书的质量。

当您发现错误时，请登录异步社区，按书名搜索，进入本书页面，点击"提交勘误"，输入勘误信息，点击"提交"按钮即可，如下图所示。本书的作者和编辑会对您提交的勘误进行审核，确认并接受后，您将获赠异步社区的100积分。积分可用于在异步社区兑换优惠券、样书或奖品。

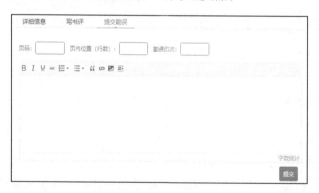

扫码关注本书

扫描下方二维码，您将会在异步社区微信服务号中看到本书信息及相关的服务提示。

与我们联系

我们的联系邮箱是contact@epubit.com.cn。

如果您对本书有任何疑问或建议，请您发邮件给我们，并请在邮件标题中注明本书书名，以便我们更高效地做出反馈。

如果您有兴趣出版图书、录制教学视频，或者参与图书翻译、技术审校等工作，可以发邮件给我们；有意出版图书的作者也可以到异步社区在线投稿（直接访问www.epubit.com/contribute即可）。

如果您所在的学校、培训机构或企业想批量购买本书或异步社区出版的其他图书，也可以发邮件给我们。

如果您在网上发现有针对异步社区出品图书的各种形式的盗版行为，包括对图书全部或部分内容的非授权传播，请您将怀疑有侵权行为的链接发邮件给我们。您的这一举动是对作者权益的保护，也是我们持续为您提供有价值的内容的动力之源。

关于异步社区和异步图书

"异步社区" 是人民邮电出版社旗下IT专业图书社区，致力于出版精品IT技术图书和相关学习产品，为作译者提供优质出版服务。异步社区创办于2015年8月，提供大量精品IT技术图书和电子书，以及高品质技术文章和视频课程。更多详情请访问异步社区官网https://www.epubit.com。

"异步图书" 是由异步社区编辑团队策划出版的精品IT专业图书的品牌，依托于人民邮电出版社近30年的计算机图书出版积累和专业编辑团队，相关图书在封面上印有异步图书的LOGO。异步图书的出版领域包括软件开发、大数据、AI、测试、前端、网络技术等。

异步社区

微信服务号

目 录

C O N T E N T S

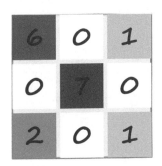

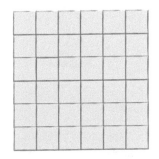

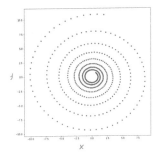

第1章 PyTorch和神经网络

在本章中，我们开始学习 PyTorch，并练习用它构建一个简单的图像分类器。

同时，我们也复习一下神经网络。

1.1 PyTorch 入门

在《Python 神经网络编程》一书中，我们学习了使用 Python 和 numpy 库处理数据，并构建了简单且高效的神经网络模型。

我们没有使用流行的神经网络架构，如 PyTorch 和 TensorFlow 等。我们认为，自己动手从头构建神经网络可以帮助读者更好地理解神经网络的运行机制。

体会了手动构建神经网络后，构建大型网络的复杂程度可想而知。其中，最烦琐的部分莫过于通过微积分计算反向传播误差（back-propagated error）和网络权重（weight）之间的关系。每当网络结构需要改变时，我们很可能需要重新计算一次。

现在，我们使用 PyTorch 来取代大部分的底层工作，从而可以专注于网络的设计。

PyTorch 最强大且最便利的功能之一是，无论我们设想的网络是什么样子的，它都能替我们进行所有的微积分计算。即使设计改变了，PyTorch 也会自动更新微积分计算，无须我们亲自动手计算梯度（gradient）。

同时，PyTorch 尽量在外观体验上与 Python 保持一致，以帮助 Python 用户快速上手。

1.1.1 Google Colab

在《Python 神经网络编程》中，我们在本地运行的网页版 Python 笔记本（notebook）中编辑代码。现在，我们将使用由谷歌提供的 Colab 免费服务，在谷歌的服务器上运行代码。

谷歌的 Colab 服务可以完全通过浏览器访问。我们无须在自己的计算机或笔记本电脑上安装任何软件。

在开始之前，需要使用谷歌账户登录。假如您有一个 Gmail 或 YouTube 账户，它就是您的谷歌账户。如果您没有谷歌账户，则可以通过以下链接创建一个。

- https://accounts.google.com/signup

登录之后，还需要通过访问以下链接激活谷歌 Colab 服务。

- https://colab.research.google.com

首先，我们看到一个示例 Python 笔记本。从文件（File）菜单选择 "New Python 3 notebook"，创建一个新笔记本：

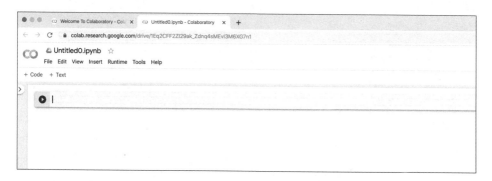

创建之后，我们应该可以看到，一个空的 Python 笔记本已经准备就绪了。

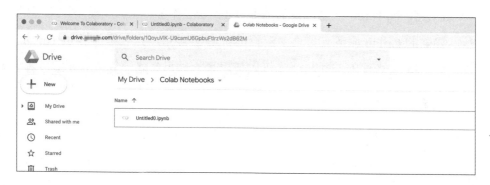

在另一个浏览器窗口中，如果我们查看谷歌文件存储 Drive，会发现一个名为 Colab Notebooks 的新文件夹。在默认情况下，新建的 Python 笔记本都会存储在这个文件夹中。

下图是一个名为 Untitled0.ipynb 的新笔记本。

让我们尝试运行一段 Python 代码。在第一个单元格（cell）中，输入以下代码：

```
2 + 3
```

点击单元格左侧的"play"（执行）按键 ▶ 运行代码。如果我们最近没有使用 Colab 服务，那么在执行第一个 Python 指令时可能要等待片刻，因为谷歌需要一些时间来启动一个虚拟机（virtual machine）并连接我们的笔记本。

运行完成后，我们可以看到代码运行结果 5 出现在单元格下方，如下图所示。

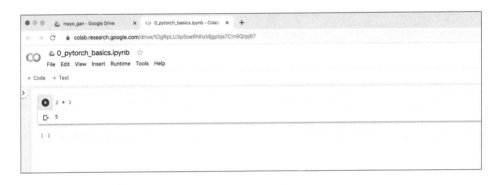

至此，我们为学习 PyTorch 所做的准备工作就全部完成了。

1.1.2　PyTorch张量

在使用 PyTorch 之前，我们需要在 Python 中导入 torch 模块。幸运的是，谷歌的 Colab 服务支持许多流行的机器学习库，其中就包括 PyTorch。我们只需将 torch 导入（import）就可以使用了。这里省略了复杂的安装过程。

在单元格中输入并运行以下代码。

```
import torch
```

开始学习 PyTorch 的一个好方法是，将它的基本信息单元与普通

Python 进行类比。在普通 Python 中，我们使用变量（variable）来存储数字。我们可以像使用数学符号一样使用这些变量进行计算，并将结果赋值给新的变量。

下面是一段普通 Python 代码的示例。

```
# 普通 Python 变量
x = 3.5
y = x*x + 2
print(x, y)
```

我们先创建了一个变量 x，并对它赋值 3.5。接着，我们再创建一个名为 y 的新变量，并将表达式 x*x + 2 的结果赋值给它，即（3.5×3.5）+ 2 = 14.25。最后，我们输出 x 和 y 的值。

在一个新单元中输入代码并运行，我们应该能得到同样的结果：

```
[3] import torch

    # normal Python variables
    x = 3.5
    y = x*x + 2
    print(x, y)

    3.5 14.25

[ ]
```

PyTorch 使用一种独特的变量存储数字，我们称它为 PyTorch 张量。让我们创建一个非常简单的张量。

```
# 简单 PyTorch 张量
x = torch.tensor(3.5)
print(x)
```

在上面的代码中，我们创建了一个变量 x，它的类型是 PyTorch 张量，初始值为3.5。

输入并运行以上代码，让我们看一下x的输出值。

以上输出的意思是，该变量的值是3.500 0，同时它被包装在一个PyTorch张量中。了解一个数值的包装容器对我们很有用。

让我们对这个张量进行一些简单的计算。在下一个单元格类型中，运行以下代码。

```
# 简单的张量计算
y = x + 3
print(y)
```

这里，我们将表达式 x + 3 的结果赋值给一个新变量y。我们刚创建的x是一个数值为3.5的PyTorch张量。那么，y的值是什么呢？

试一下。

我们可以看到y的值是6.500 0，因为3.5 + 3 = 6.5，完全合理。同时，

我们看到 y 也是一个 PyTorch 张量。

这种工作方式与 numpy 相同。这种一致性有助于我们更容易地学习 PyTorch。

1.1.3　PyTorch的自动求导机制

现在，让我们看一下 PyTorch 与普通 Python 和 numpy 的区别，以及 PyTorch 的独特之处。

在下面的代码中，我们用同样的方式创建一个张量 x，不过这次我们给了 PyTorch 一个额外的参数（option）requires_grad=True。我们很快就会看到这个参数的作用。

```
# PyTorch 张量
x = torch.tensor(3.5, requires_grad=True)
print(x)
```

运行代码并观察 x 的输出值。

```
# PyTorch tensor with gradient enabled
x = torch.tensor(3.5, requires_grad=True)
print(x)
tensor(3.5000, requires_grad=True)
[ ]
```

我们看到，x 的值为 3.500 0，类型为张量。与此同时，输出中也显示张量 x 的 requires_grad 参数被设置为 True。

我们再次用 x 创建一个新的变量 y，不过这次使用不同的表达式。

```
# y 以 x 的函数表示
y = (x-1) * (x-2) * (x-3)
print(y)
```

现在，y 的值由表达式（x-1）*（x-2）*（x-3）的结果赋值。下面我们运行代码。

```
[34] # PyTorch tensor with gradient enabled

     x = torch.tensor(3.5, requires_grad=True)

     print(x)

 ⊳  tensor(3.5000, requires_grad=True)

 ⏵  # y is defined as a function of x
     y = (x-1) * (x-2) * (x-3)

     print(y)

 ⊳  tensor(1.8750, grad_fn=<MulBackward0>)

 [ ]
```

不出所料，y 的值是 1.875 0。这是因为 x 的值等于 3.5，且（3.5-1）×（3.5-2）×（3.5-3）= 1.875 0。

下图中 $y =$（x-1）×（x-2）×（x-3）的曲线可以更直观地解释我们的计算过程。

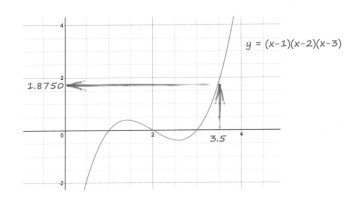

到目前为止，一切看起来都很正常。

事实上，PyTorch 在幕后做了一些额外的工作。它不仅计算出结果等于 1.875 0，而且把它加入张量 y 中。

事实上，PyTorch 记录了 y 在数学上是由 x 来定义的。

如果只是普通的变量或 numpy 数组，Python 并不会也没有必要记录 y 由 x 定义。一旦用 x 的值计算出 y 值，唯一重要的只是结果。将结果赋值给 y，任务便完成了。

PyTorch 张量的工作方式有所不同，它们记录了自己是由哪个张量计算而得，以及如何计算的。在这里，PyTorch 记录了 y 由 x 定义。

这样做有什么用呢？让我们继续看。

我们知道，训练神经网络的计算需要使用微积分计算出误差梯度。也就是说，输出误差改变的速率随着网络链接权重的改变而改变。

神经网络的输出由链接权重计算得出。输出依赖于权重，就像 y 依赖于 x。下面，我们来看看 PyTorch 如何计算 y 随 x 变化的速率。

我们计算当 $x = 3.5$ 时 y 的梯度，即 $\mathrm{d}y/\mathrm{d}x$。

要计算 y 的梯度，PyTorch 需要知道它依赖于哪个张量以及依赖关系的数学表达式。之后便能计算出 $\mathrm{d}y/\mathrm{d}x$。

```
# 计算梯度
y.backward()
```

上面的代码完成所有这些步骤。通过观察 y，PyTorch 发现它来自 (x-1)*(x-2)*(x-3)，并自动算出梯度 $\mathrm{d}y/\mathrm{d}x = 3x^2 - 12x + 11$。

同时，这行代码也计算出梯度的数值，并与 x 的实际值一同存储在张量 x 里。因为 x 是 3.5，所以梯度是 3*（3.5*3.5）-12*（3.5）+ 11 = 5.75。

下图解释了我们是如何计算梯度的。

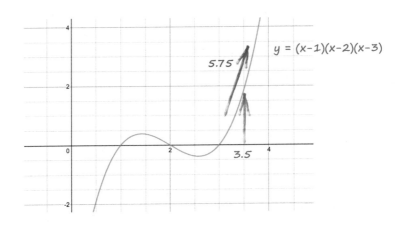

虽然只有区区一行代码，但 y.backward() 完成了大量的工作。

我们可以看一下张量 x 里梯度的数值。

```
# x = 3.5时的梯度

x.grad
```

运行以下代码。

答案正确！

我们通过 x 的参数 requires_grad=True 告诉 PyTorch 我们希望得到一个关于 x 的梯度。

至此，我们可以看出 PyTorch 张量比普通 Python 变量和 numpy 数组的功能更丰富。一个 PyTorch 张量可以包含以下内容。

• 除原始数值之外的附加信息，比如梯度值。

- 关于它所依赖的其他张量的信息，以及这种依赖的数学表达式。

上面，我们只是简单示范了这个非常强大的功能。这种关联张量和自动微分的能力是 PyTorch 最重要的特性，几乎所有的其他功能都基于这一特性。

我们可以在下面的笔记本中找到刚刚用到的代码：

- https://github.com/makeyourownneuralnetwork/gan/blob/master/00_pytorch_basics.ipynb

1.1.4 计算图

上面演示的自动梯度计算看似很神奇，但它其实并不是魔术。

它背后的原理很值得深入了解，这些知识将帮助我们构建更大规模的网络。

看看下面这个非常简单的网络。它甚至不算一个神经网络，而只是一系列计算。

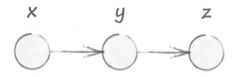

在上图中，我们看到输入 x 被用于计算 y，y 再被用于计算输出 z。

假设 y 和 z 的计算过程如下：

$$y = x^2$$

$$z = 2y + 3$$

如果我们希望知道输出 z 如何随 x 变化，我们需要知道梯度 dy/dx。下面我们来逐步计算。

$$dz/dx = dz/dy \cdot dy/dx$$

$$dz/dx = 2 \cdot 2x$$

$$dz/dx = 4x$$

第一行是微积分的链式法则（chain rule），对我们非常重要。如果读者需要复习该法则，可以查阅《Python 神经网络编程》一书，其附录 A 专门介绍了微积分和链式法则。

我们刚刚算出，z 随 x 的变化可表示为 $4x$。如果 $x = 3.5$，则 $dz/dx = 4 \times 3.5 = 14$。

当 y 以 x 的形式定义，而 z 以 y 的形式定义时，PyTorch 便将这些张量连成一幅图，以展示这些张量是如何连接的。这幅图叫计算图（computation graph）。

在我们的例子中，计算图看起来可能是下面这样的：

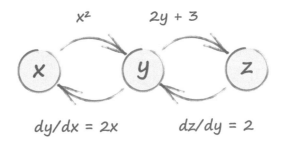

我们可以看到 y 是如何从 x 计算得到的，z 是如何从 y 计算得到的。此外，PyTorch 还增加了几个反向箭头，表示 y 如何随着 x 变化，z 如何随着 y 变化。这些就是梯度，在训练过程中用来更新神经网络。微积分的过程由 PyTorch 完成，无须我们自己动手计算。

为了计算出 z 如何随着 x 变化，我们合并从 z 经由 y 回到 x 的路径中的所有梯度。这便是微积分的链式法则。

让我们看一下它们的代码。在一个新的笔记本中，导入 torch，并输入以下代码，建立 x、y 和 z 之间的关系。

```
# 创建包含 x、y 和 z 的计算图
x = torch.tensor(3.5, requires_grad=True)
y = x*x
z = 2*y + 3
```

PyTorch 先构建一个只有正向连接的计算图。我们需要通过 backward() 函数，使 PyTorch 计算出反向的梯度。

```
# 计算梯度
z.backward()
```

梯度 dz/dx 在张量 x 中被存储为 x.grad。

```
# 当 x = 3.5 时的梯度
x.grad
```

运行代码并验证结果。

```
[2]  # set up simple graph relating x, y and z

     x = torch.tensor(3.5, requires_grad=True)

     y = x*x

     z = 2*y + 3

[3]  # work out gradients

     z.backward()

[4]  # what is gradient at x = 3.5

     print(x.grad)

[→   tensor(14.)
```

答案是 14，与我们之前手动计算出的结果是一样的。

值得注意的是，张量 x 内部的梯度值与 z 的变化有关。这是因为我们要求 PyTorch 使用 z.backward () 从 z 反向计算。因此，x.grad 是 dz/dx，而不是 dy/dx。

大多数有效的神经网络包含多个节点，每个节点有多个连进该节点的链接，以及从该节点出发的链接。让我们来看一个简单的例子，例子中的节点有多个进入的链接。

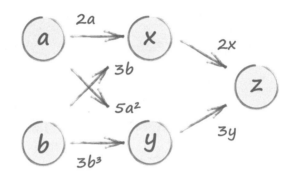

可见，输入 a 和 b 同时对 x 和 y 有影响，而输出 z 是由 x 和 y 计算出来的。这些节点之间的关系如下。

$$x = 2a + 3b$$

$$y = 5a^2 + 3b^3$$

$$z = 2x + 3y$$

我们按同样的方法计算梯度。

$dz/dx = 2$	$dx/da = 2$	$dy/da = 10a$
$dz/dy = 3$	$dx/db = 3$	$dy/db = 9b^2$

接着，把这些信息添加到计算图中。

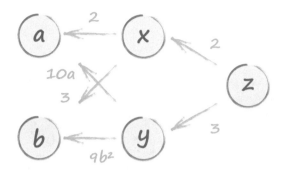

现在，我们可以轻易地通过 z 到 a 的路径计算出梯度 $\mathrm{d}z/\mathrm{d}a$。实际上，从 z 到 a 有两条路径，一条通过 x，另一条通过 y，我们只需要把两条路径的表达式相加即可。这么做是合理的，因为从 a 到 z 的两条路径都影响了 z 的值，这也与我们用微积分的链式法则计算出的 $\mathrm{d}z/\mathrm{d}a$ 的结果一致。

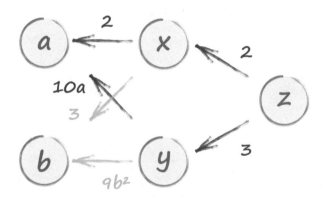

第一条路径经过 x，表示为 2×2；第二条路径经过 y，表示为 $3 \times 10a$。所以，z 随 a 变化的速率是 $4 + 30a$。

如果 a 是 2，则 $\mathrm{d}z/\mathrm{d}a$ 是 $4 + 30 \times 2 = 64$。

我们来检验一下用 PyTorch 是否也能得出这个值。首先，我们定义 PyTorch 构建计算图所需要的关系。

```
# 创建包含 x、y 和 z 的计算图
a = torch.tensor(2.0, requires_grad=True)
```

```
b = torch.tensor(1.0, requires_grad=True)
```

```
x = 2*a + 3*b
y = 5*a*a + 3*b*b*b
z = 2*x + 3*y
```

接着，我们触发梯度计算并查询张量 *a* 里面的值。

```
# 计算梯度
z.backward()
```

```
# 当 a = 2.0 时的梯度
a.grad
```

看看 PyTorch 计算的答案是否与我们的一致。

```
[12]  # set up simple graph relating x, y and z

      a = torch.tensor(2.0, requires_grad=True)
      b = torch.tensor(1.0, requires_grad=True)

      x = 2*a + 3*b

      y = 5*a*a + 3*b*b*b

      z = 2*x + 3*y

[13]  # work out gradients

      z.backward()

[14]  # what is gradient at a = 2.0

      a.grad

[->  tensor(64.)
```

结果完全一致！

有效的神经网络通常比这个小型网络规模大得多。但是 PyTorch 构建计算图的方式以及沿着路径向后计算梯度的过程是一样的。

有的读者可能还不清楚，这些与神经网络的误差以及更新内部权重之间有什么关系。下面我们来讨论这个问题。

假设，一个简单网络的输出是 z，正确的输出是 t。那么，误差 E 即（$z-t$），或者更常见的（$z-t$）^{2}。误差 E 只是网络的一个节点，该网络以（$z-t$）^{2} 从 z 计算 E 的值。现在，有效的输出节点是 E，而不是 z。PyTorch 可以计算出新的 E 对于输入的梯度。

在《Python 神经网络编程》中，我们使用 dE/dw 来训练神经网络，其中 w 是网络中的一个权重。我们一直在研究 dz/da，其中 a 是输入，而不是权重。这有问题吗？并没有，因为我们可以把权重也想象成一个节点。

下图解释了 z 如何依赖于 y 的信号和 w_2 的权值。这个关系可以是在神经网络中常见的 $z = w_2 \times y$。

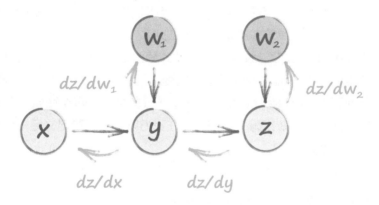

可以直观地看到，计算 dz/dw_2 的方式与计算 dz/dy 相同。与之前的例子一样，我们可以沿着从 z 到 w_1 的路径找到 dz/dw_1。

我们刚刚看到的是一个简化版的 PyTorch 内核，基本思想是一样的。通过理解刚刚讨论的模型，我们将能更准确地构建更复杂的 PyTorch 网络。

我们探索计算图的代码可以从以下笔记本中找到：

- https://github.com/makeyourownneuralnetwork/gan/blob/master/01_
  pytorch_computation_graph.ipynb

讲了这么多理论，接下来让我们试着搭建一个 PyTorch 神经网络。

1.1.5　学习要点

- Colab服务允许我们在谷歌的服务器上运行Python代码。Colab使用Python笔记本，我们只需要一个Web浏览器即可使用。
- PyTorch是一个领先的Python机器学习架构。它与numpy类似，允许我们使用数字数组。同时，它也提供了丰富的工具集和函数，使机器学习更容易上手。
- 在PyTorch中，数据的基本单位是张量（tensor）。张量可以是多维数组、简单的二维矩阵、一维列表，也可以是单值。
- PyTorch的主要特性是能够自动计算函数的梯度（gradient）。梯度的计算是训练神经网络的关键。为此，PyTorch需要构建一张计算图（computation graph），图中包含多个张量以及它们之间的关系。在代码中，该过程在我们以一个张量定义另一个张量时自动完成。

1.2　初试 PyTorch 神经网络

接下来，我们继续学习使用 PyTorch 来构建一个神经网络，用它执行一个简单的任务。

1.2.1　MNIST图像数据集

在《Python 神经网络编程》中，我们学习了如何构建一个神经网络，并用它对手写数字进行分类。

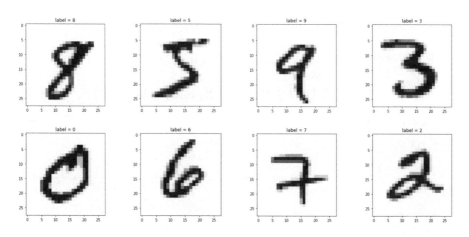

MNIST 数据集是一组常见的图像，常用于测评和比较机器学习算法的性能。其中 6 万幅图像用于训练机器学习模型，另外 1 万幅用于测试模型。

这些大小为 28 像素 ×28 像素的单色（monochrome）图像没有颜色。每个像素是一个 0 ～ 255 的数值，表示该像素的明暗度。

1.2.2　获取MNIST数据集

首先，进入我们在 Colab 中存储 Python 笔记本的文件夹。点击"New"（新建）按键，创建一个名为 mnist_data 的新文件夹。

该文件夹应该与我们的其他笔记本在同一路径下，如下图所示。

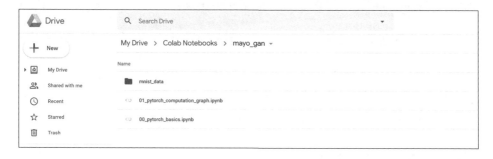

通过以下链接将 MNIST 数据集下载到我们的计算机本地硬盘。

- 训练数据：https://pjreddie.com/media/files/mnist_train.csv。

- 测试数据：https://pjreddie.com/media/files/mnist_test.csv。

下载完成之后，把这两个文件上传到 mnist_data 文件夹。我们可以先进入 mnist_data 文件夹，点击 "New"（新建）按键，再选择 "Upload files"（上传文件）。

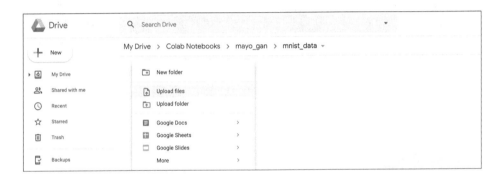

稍等片刻，我们便可以在 mnist_data 文件夹里看到这两个文件。

1.2.3　数据预览

在使用任何工具和算法处理新数据之前，我们建议先进行数据探索。

首先，我们需要确保上传的数据能够被 Python 代码访问。这需要我们加载 Google Drive，使它作为一个文件夹出现。

创建一个新的记事本，并运行以下代码。

```
# 加载数据文件
from google.colab import drive
drive.mount('./mount')
```

我们将被提示点击一个链接，进入一个新浏览器窗口。在新窗口中，我们被要求确认账户并授权 Google Drive 可被访问。然后，我们需要复制得到的代码，并将代码粘贴到笔记本单元格里。

完成之后，我们将可以在 Python 代码中访问文件夹 ./mount，确认 Google Drive 已被正确加载。

我们的 MNIST 数据文件是 CSV 格式的，每行由被逗号分隔的值组成。有很多方法可以加载和查看数据。这里，我们使用简单易用的 pandas 库。

在一个新单元格中，导入 pandas 库。

```
# 导入 pandas 库，用于读取 CSV 文件
import pandas
```

在下一个单元格中，我们使用 pandas 将训练数据读取到一个 DataFrame 中。下面是一整行代码。它看起来很长，因为 mnist_train.csv 文件的文件路径比较长。

```
df = pandas.read_csv('mount/My Drive/Colab Notebooks/myo_gan/
mnist_data/mnist_train.csv', header=None)
```

我们可以检查代码中使用的文件路径是否与文件的存储位置匹配。比如，我自己的代码和数据都放在 Colab 笔记本的 myo_gan 文件夹中。

pandas DataFrame 是一个与 numpy 数组相似的数据结构，具有许多附加功能，包括可为列和行命名，以及提供便利函数对数据求和和过

滤等。

我们可以使用 head() 函数查看一个较大 DataFrame 的前几行。

```
df.head()
```

这里我们只显示数据集的前 5 行。

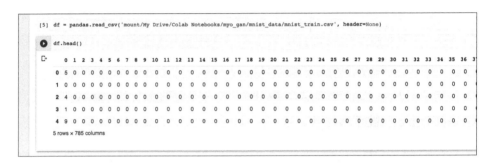

MNIST 的每一行数据包含 785 个值。第一个值是图像所表示的数字，其余的 784 个值是图像（尺寸为 28 像素 ×28 像素）的像素值。

我们可以使用 info() 函数查看 DataFrame 的概况。

```
[9] df.info()
    <class 'pandas.core.frame.DataFrame'>
    RangeIndex: 60000 entries, 0 to 59999
    Columns: 785 entries, 0 to 784
    dtypes: int64(785)
    memory usage: 359.3 MB
```

以上结果告诉我们，该 DataFrame 有 60 000 行。这对应 60 000 幅训练图像。同时，我们也可以确认每行有 785 个值。

让我们将一行像素值转换成实际图像来直观地查看一下。

我们使用通用的 matplotlib 库来显示图像。在下面的代码中，我们导入 matplotlib 库的 pyplot 包。

```
# 导入 pandas 库用于读取 CSV 文件
import pandas
```

```
# 导入 matplotlib 用于绘图
import matplotlib.pyplot as plt
```

运行更新后的单元格，pyplot 即可使用。

我们来看下面的代码。

```
# 从 DataFrame 读取数据
row = 0
data = df.iloc[row]


# 第一个值是标签
label = data[0]


# 图像是余下的 784 个值
img = data[1:].values.reshape(28,28)
plt.title("label = " + str(label))
plt.imshow(img, interpolation='none', cmap='Blues')
plt.show()
```

首先，从 MNIST 数据中选取我们感兴趣的图像。第一幅图像，也就是第一行，可通过 row = 0 选定。df.iloc[row] 选择数据集的第一行并赋值给变量 data。

接着，我们从该行中选择第一个数字，并将其命名为 label，也就是标签。

然后选择该行中其余的 784 个值，并将它们重新映射为一个 28×28 的正方形数组。我们将这个数组赋值给变量 img，因为它是图像。接着，我们将数组绘制为位图，并在标题中显示之前提取的标签。绘制位图的 imshow() 函数有很多标签选项，我们使用的两个选项分别指示 pyplot 无须平滑像素以及指定调色板的颜色为蓝色。

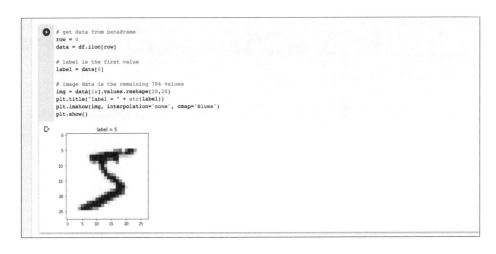

现在，我们看到了 MNIST 训练数据集中的第一幅图像。它看起来像5，标签也确认是5。

我们可以试着通过更改行数并重新运行单元格来查看其他图像。例如，如果设 row = 13，我们应看到一个看起来像6的图像。

我们刚才使用的代码可以在以下链接中找到：

- https://github.com/makeyourownneuralnetwork/gan/blob/master/02_mnist_data.ipynb

1.2.4　简单的神经网络

在开始编写神经网络代码之前，让我们先画出希望实现的目标。下图显示了我们的起始点和终点。

起始点是一幅 MNIST 数据集中的图像，它的像素个数为 28×28=784。这意味着我们的神经网络的第一层必须有 784 个节点。对于输入层的大小，我们没有太多的选择。

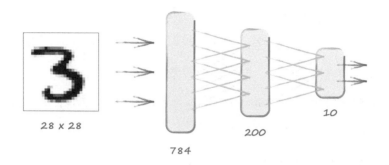

可以选择的是最后的输出层。它需要回答"这是什么数字"的问题。答案是 0 ~ 9 的任意一个数字，也就是 10 种不同输出。最直接的解决方案是，为每一个可能的类别分配一个节点。

对于隐藏的中间层，我们有更多的选择。然而，我们的学习重点是如何使用 PyTorch，而不是优化隐藏层设计。因此，我们继续沿用《Python 神经网络编程》中大小为 200 的中间层。

网络中任何一层的所有节点，都会连接到下一层中的所有节点。这种网络层也被称为全连接层（fully connected layer）。

上图缺少了一项关键的信息。我们需要为隐藏层和输出层的输出选择一个激活函数（activation function）。在《Python 神经网络编程》中，我们使用了 S 型逻辑函数 Sigmoid。为了简单起见，我们继续用它作为激活函数。

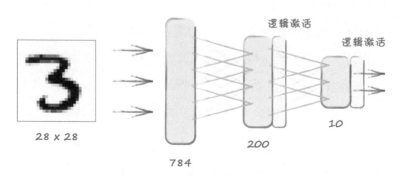

现在，我们准备好用 PyTorch 实现这个网络设计了。PyTorch 简化了构建和运行神经网络的流程。为此，我们需要遵循 PyTorch 的编码规则。

当创建神经网络类时，我们需要继承 PyTorch 的 torch.nn 模块。这样一来，新的神经网络就具备了许多 PyTorch 的功能，如自动构建计算图、查看权重以及在训练期间更新权重等。

在一个新的笔记本中，同时导入 torch 和 torch.nn。

```
# 导入库

import torch
import torch.nn as nn
```

将 torch.nn 模块作为 nn 导入，是一种常见的命名方式。

接着，我们开始构建神经网络类（class）。下面的代码展示了一个名为 Classifier 的类，它继承了 nn.Module。

```
class Classifier(nn.Module):


    def __init__(self):
        # 初始化 PyTorch 父类
        super().__init__()
```

__init__(self) 是一个特殊的函数，当我们从一个类中创建对象（object）时需要调用它。它通常用于设置一个对象，为被调用做好准备。读者可能听说过它的另一个名字——构造函数（constructor）。这是一个很形象的名称。这里，super()._init_() 语句看似很神秘，但事实上只不过是调用了父类的构造函数。可以说，PyTorch.nn 模块会为我们设置分类器，很简单吧。

现在，我们开始设计神经网络的结构。设计网络结构有多种方法。对于简单的网络，我们可以使用 nn.Sequential()，它允许我们提供一个网络模块的列表。模块必须按照我们希望的信息传递顺序添加到容器中。

```
class Classifier(nn.Module):


    def __init__(self):
        # 初始化 PyTorch 父类
        super().__init__()


        # 定义神经网络层
        self.model = nn.Sequential(
            nn.Linear(784, 200),
            nn.Sigmoid(),
            nn.Linear(200, 10),
            nn.Sigmoid()
        )
```

我们看到 nn.Sequential() 中包括以下模块。

- nn.Linear(784, 200) 是一个从 784 个节点到 200 个节点的全连接映射。这个模块包含节点之间链接的权重，在训练时会被更新。

- nn.Sigmoid() 将 S 型逻辑激活函数应用于前一个模块的输出，也就是本例中 200 个节点的输出。

- nn.Linear(200, 10) 是将 200 个节点映射到 10 个节点的全连接映射。它包含中间隐藏层与输出层 10 个节点之间所有链接的权重。

- nn.Sigmoid() 再将 S 型逻辑激活函数应用于 10 个节点的输出。其结果就是网络的最终输出。

有读者可能会问：nn.Linear 因何得名？这是因为，当数值从输入端传递到输出端时，该模块对它们应用了 $Ax + B$ 形式的线性函数。这里，A 为链接权重，B 为偏差（bias）。这两个参数都会在训练时被更新。它们也被称为可学习参数（learnable parameter）。

我们已经定义了神经网络的模块以及正向的信息传导。不过，我们还没有定义如何计算误差以及用误差更新网络的可学习参数。

定义网络误差的方法有多种，PyTorch 为常用的方法提供了方便的函数支持。其中，最简单的是均方误差（mean squared error）。均方误差先计算每个输出节点的实际输出和预期输出之差的平方，再计算平均值。PyTorch 将其定义为 torch.nn.MSELoss()。

我们可以选择这个误差函数，并在构造函数中创建一个变量。

```
# 创建损失函数
self.loss_function = nn.MSELoss()
```

我们发现，"误差函数"（error function）和"损失函数"（loss function）这两个词常被互换使用，通常这是可以接受的。如果希望更精确一些，"误差"单纯指预期输出和实际输出之间的差值，而"损失"是根据误差计算得到的，需要考虑具体需要解决的问题。

我们需要使用误差，更准确地说是损失，来更新网络的链接权重。同样地，更新权重的方法有多种，PyTorch 提供了函数来支持常用的几种方法。我们先使用一个《Python 神经网络编程》中提到的简单方法——随机梯度下降（stochastic gradient descent，SGD），将学习率设置为 0.01。

```
# 创建优化器，使用简单的梯度下降
self.optimiser = torch.optim.SGD(self.parameters(), lr=0.01)
```

在上面的代码中，我们把所有可学习参数都传递给 SGD 优化器。这些参数可以通过 self.parameters() 访问，这也是 PyTorch 提供的功能之一。

PyTorch 假定通过一个 forward() 方法向网络传递信息。我们需要自己创建一个 forward() 方法，但它可以非常简短。

```
def forward(self, inputs) :
    # 直接运行模型
    return self.model(inputs)
```

这里，我们只将输入传递给 self.model()，它由 nn.Sequential() 定义。模型的输出直接返回给 forward() 的主调函数。

下面我们回顾一下到目前为止的进展。

- 通过继承 nn.Module，我们创建了一个神经网络类。它从 nn.Module 中继承了训练神经网络所需的大部分功能。

- 我们定义了处理信息的神经网络模块。对于简单的神经网络，我们选择使用精简的 nn.Sequential 方法。

- 我们定义了损失函数和更新网络可学习参数的优化器。

- 最后，我们添加了一个 forward() 函数，PyTorch 会通过它将信息传递给网络。

现在，我们的神经网络类应该是下面这样的：

```
# 分类器类

class Classifier(nn.Module) :

    def __init__(self) :
        # 初始化 PyTorch 父类
        super().__init__()

        # 定义神经网络层
        self.model = nn.Sequential(
```

```
            nn.Linear(784, 200),

            nn.Sigmoid(),

            nn.Linear(200, 10),

            nn.Sigmoid()

        )


        # 创建损失函数

        self.loss_function = nn.MSELoss()


        # 创建优化器，使用简单的梯度下降

        self.optimiser = torch.optim.SGD(self.parameters(),
        lr=0.01)


        pass


    def forward(self, inputs):
        # 直接运行模型

        return self.model(inputs)
```

接下来，我们该如何训练这个网络呢？我们需要一个像 forward() 函数一样的 train() 函数吗？实际上，这不是必需的。PyTorch 允许我们按自己的想法构建网络的训练代码。

为了代码的整洁，我们选择与 forward() 保持一致，创建一个 train() 函数。

train() 既需要网络的输入值，也需要预期的目标值。这样才可以与实际输出进行比较，并计算损失值。

```
def train(self, inputs, targets):
    # 计算网络的输出值

    outputs = self.forward(inputs)
```

```
    # 计算损失值
    loss = self.loss_function(outputs, targets)
```

train() 函数首先做的，是使用 forward() 函数传递输入值给网络并获得输出值。

我们之前定义的损失函数在这里是用来计算损失值的。可以看出，PyTorch 简化了计算过程。我们只需要向该函数提供网络的输出值和预期目标值即可。

下一步，是使用损失来更新网络的链接权重。在《Python 神经网络编程》中，我们需要为每个节点计算误差梯度，再更新链接权值。

PyTorch 简化了这个过程。

```
# 梯度归零，反向传播，并更新权重
self.optimiser.zero_grad()
loss.backward()
self.optimiser.step()
```

这 3 个步骤算得上是所有 PyTorch 神经网络的精髓所在。下面我们一步一步来具体讨论。

- 首先，optimiser.zero_grad() 将计算图中的梯度全部归零。

- 其次，loss.backward() 从 loss 函数中计算网络中的梯度。

- 最后，optimiser.step() 使用这些梯度来更新网络的可学习参数。

在每次训练网络之前，我们需要将梯度归零。否则，每次 loss.backward() 计算出来的梯度会累积。

在 1.1.4 节，我们使用 backward() 函数计算了一个简单网络的梯度。在这里，backward() 函数的用法是一样的。我们可以把计算图的最终节点看作损失函数。该函数对每个进入损失的节点计算梯度。这些梯度是损失随着每个可学习参数的变化。

优化器利用这些梯度，逐步（step）沿着梯度更新可学习参数。

现在，我们终于有了一个可以训练的网络。在训练它之前，我们先添加一种方法，以便观察训练效果的好坏。

1.2.5 可视化训练

在《Python 神经网络编程》中，当训练神经网络时，我们没有办法看到训练的进展。我们能在训练后评估网络的效果，但是没有办法知道训练进展得是否顺利，也无法知道是否应该继续训练。

跟踪训练的一种方法是监控损失。在 train() 中，我们在每次计算损失值时，将副本保存在一个列表里。这意味着该表会变得非常大，因为训练神经网络通常会运行成千上万、甚至百万个样本。MNIST 数据集有60 000 个训练样本，而且我们可能需要运行好几个周期（epoch）。一种更好的方法是，在每完成 10 个训练样本之后保留一份损失副本。这就需要我们记录 train() 的运行频率。

下面的代码在神经网络类的构造函数中创建一个初始值为 0 的计数器（counter）以及一个名为 progress 的空列表。

```
# 记录训练进展的计数器和列表
self.counter = 0
self.progress = []
```

在 train() 函数中，我们可以以每隔 10 个训练样本增加一次计数器的值，并将损失值添加进列表的末尾。

```
# 每隔 10 个训练样本增加一次计数器的值，并将损失值添加进列表的末尾
self.counter += 1
```

```
if (self.counter % 10 == 0):
    self.progress.append(loss.item())
    pass
```

在上述代码中，% 10 表示除以 10 之后的余数，当计数器为 10、20、30 等时，余数为 0。这里使用的 item() 函数只是为了方便展开一个单值张量，获取里面的数字。

我们可以在每 10 000 次训练后打印计数器的值，这样可以了解训练进展的快慢。

```
if (self.counter % 10000 == 0):
    print("counter = ", self.counter)
    pass
```

要将损失值绘制成图，我们可以在神经网络类中添加一个新函数 plot_progress()。

```
def plot_progress(self):
    df = pandas.DataFrame(self.progress, columns=['loss'])
    df.plot(ylim=(0, 1.0), figsize=(16,8), alpha=0.1, marker='.',
    grid=True, yticks=(0, 0.25, 0.5))
    pass
```

这段代码看起来很复杂，但其实只有两行。第一行将损失值列表 progress 转换为一个 pandas DataFrame，这样方便我们绘制图。第二行使用 plot() 函数的选项，调整图的设计和风格。

现在我们距离开始训练这个网络仅一步之遥。

1.2.6　MNIST数据集类

我们之前已经将一个 CSV 文件中的 MNIST 数据加载到 pandas

DataFrame 中。我们完全可以继续从 DataFrame 中读取数据。然而，为了学习 PyTorch，我们应该尝试以 PyTorch 的方式加载和使用数据。

PyTorch 使用 torch.utils.data.DataLoader 实现了一些实用的功能，比如自动打乱数据顺序、多个进程并行加载、分批处理等，需要先将数据载入一个 torch.utils.data.Dataset 对象。

为了简单起见，我们暂时不需要打乱数据顺序或分批处理。但是，我们仍会使用 torch.utils.data.Dataset 类，以积累使用 PyTorch 的经验。

通过以下代码导入 PyTorch 的 torch.utils.data.Dataset 类。

```
from torch.utils.data import Dataset
```

当我们从 nn.Module 继承一个神经网络类时，需要定义 forward() 函数。同样地，对于继承自 Dataset 的数据集，我们需提供以下两个特殊的函数。

- __len__()，返回数据集中的项目总数。

- __getitem__()，返回数据集中的第 n 项。

接下来，我们会创建一个 MnistDataset 类，并提供 __len__() 方法，允许 PyTorch 通过 len(mnist_dataset) 获取数据集的大小。同时，我们也会提供 __getitem__()，允许我们通过索引获取项目，例如使用 mnist_dataset[3] 访问第 4 项。

下面是 MnistDataset 类的具体定义。

```
class MnistDataset(Dataset):


    def __init__(self, csv_file):
        self.data_df = pandas.read_csv(csv_file, header=None)
        pass


    def __len__(self):
        return len(self.data_df)
```

```
def __getitem__(self, index):
    # 目标图像（标签）
    label = self.data_df.iloc[index,0]
    target = torch.zeros((10))
    target[label] = 1.0

    # 图像数据，取值范围是 0~255，标准化为 0~1
    image_values = torch.FloatTensor(self.data_df.iloc
    [index,1:].values) / 255.0

    # 返回标签、图像数据张量以及目标张量
    return label, image_values, target

    pass
```

首先，在创建该类的一个对象时，csv_file 被读入一个名为 data_df 的 pandas DataFrame。

__len__() 函数的作用是返回 DataFrame 的大小。这很简单！

__getitem__() 函数则比较有趣。就像我们之前对 MNIST 数据所做的实验一样，我们从数据集中的第 index 项中提取一个标签（label）。

接着，我们创建了一个维度为 10 的张量变量 target 来表示神经网络的预期输出。除了与标签相对应的项是 1 之外，其他值皆为 0。比如，标签 0 所对应的张量是 [1, 0, 0, 0, 0, 0, 0, 0, 0, 0]，而标签 4 所对应的张量是 [0, 0, 0, 0, 1, 0, 0, 0, 0, 0]。这种表示方法叫独热编码（one-hot encoding）。

然后，我们以像素值创建一个张量变量 image_values。所有像素值都被除以 255，结果值的范围是 0 ~ 1。

最后，__getitem__() 返回 label、image_values 和 target 3 个值。

即使 PyTorch 不需要，我们也可以为 MnistDataset 类添加一个制图方法，以方便查看我们正在处理的数据。为此，我们需要跟之前一样，导入 matplotlib.pyplot 库。

```
def plot_image(self, index):
    arr = self.data_df.iloc[index,1:].values.reshape(28,28)
    plt.title("label = " + str(self.data_df.iloc[index,0]))
    plt.imshow(arr, interpolation='none', cmap='Blues')
    pass
```

让我们检查一下到目前为止是否一切正常。首先，我们从类中创建一个数据集对象，并将其 CSV 文件位置传递给它。

```
mnist_dataset = MnistDataset('mount/My Drive/Colab Notebooks/
myo_gan/mnist_data/mnist_train.csv')
```

我们知道类构造函数将 CSV 文件中的数据加载到 pandas DataFrame 中。让我们使用 plot_image() 函数绘制数据集中的第 10 幅图像。第 10 幅图像的索引是 9，因为第一幅的索引是 0。

```
mnist_dataset.plot_image(9)
```

我们应该看到一个手写数字图像"4"。标签也告诉我们它应该是"4"。

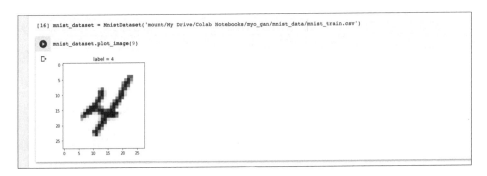

这证明我们的数据集类可以正确地加载数据了。

接着，检查 mnist_dataset 是否允许我们通过索引访问，例如 mnist_dataset[100]。我们应该看到它返回标签、像素值和目标张量。

1.2.7　训练分类器

现在，训练一个分类器神经网络非常简单。因为我们已经完成了复杂的工作，包括定义数据集类和神经网络类。

首先，我们从 Classifier 类创建一个神经网络。

```
# 创建神经网络

C = Classifier()
```

训练网络的代码同样很简单：

```
# 在 MNIST 数据集训练神经网络

for label, image_data_tensor, target_tensor in mnist_dataset:
    C.train(image_data_tensor, target_tensor)
    pass
```

由于 mnist_dataset 继承了 PyTorch Dataset，它允许我们使用 for 循环遍历所有训练数据。对于每个样本，我们只将图像数据和目标张量传递给分类器的 train() 方法。

从《Python 神经网络编程》中我们知道，多次使用整个数据集来训练我们的神经网络是很有帮助的。我们可以通过在训练循环周围添加一个外部周期循环来多次使用整个数据集。

最后，记录一个 Python 笔记本单元格运行所需时间也很简单。我们只需要在要计时的单元格顶部添加 %%time。在做神经网络实验时，它非常实用。因为它决定了在训练网络的过程中，我们有多长时间可以去喝咖啡！

我们的单元格是这样的：

```
%%time
# 创建神经网络
C = Classifier()

# 在 MNIST 数据集训练神经网络
epochs = 3

for i in range(epochs):
    print('training epoch', i+1, "of", epochs)
    for label, image_data_tensor, target_tensor in mnist_dataset:
        C.train(image_data_tensor, target_tensor)
        pass
    pass
```

运行单元格需要一些时间。在每调用 10 000 次之后，train() 会打印一次更新，显示它处理了多少个样本。

```
[→   training epoch 1 of 3
    counter =   10000
    counter =   20000
    counter =   30000
    counter =   40000
    counter =   50000
    counter =   60000
    training epoch 2 of 3
    counter =   70000
    counter =   80000
    counter =   90000
    counter =  100000
    counter =  110000
    counter =  120000
    training epoch 3 of 3
    counter =  130000
    counter =  140000
    counter =  150000
    counter =  160000
    counter =  170000
    counter =  180000
    CPU times: user 3min 42s, sys: 9.66 s, total: 3min 51s
    Wall time: 3min 54s
```

我们可以看到，训练 3 个周期只用了差不多 4 分钟。考虑到每个周期有 60 000 个训练样本，所以可以认为这个速度是相当不错的。

让我们绘制收集到的损失值，以了解训练的进展。

```
# 绘制分类器损失值
C.plot_progress()
```

我们应该会看到一幅与下图类似但不完全一样的图。因为训练神经网络本质上是一个随机过程。

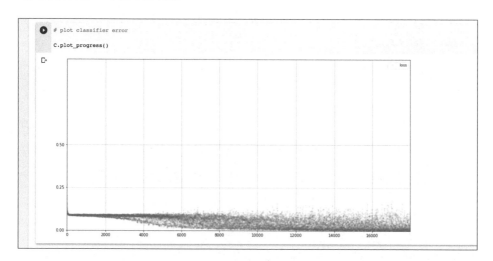

从上图可见，损失值从一开始迅速下降到大约 0.1，并在训练过程中越来越慢地接近 0。同时，噪声也非常多。

损失值的下降意味着网络分类图像的能力越来越好。

损失图真的很实用，它让我们了解到网络训练是否有效。它也告诉我们训练是平稳的，还是不稳定的、混乱的。

1.2.8 查询神经网络

现在我们有了一个训练后的网络，可以进行图像分类了。我们将切换到包含 10 000 幅图像的 MNIST 测试数据集。这些是我们的神经网络从来没看到过的图像。

让我们用一个新的 Dataset 对象加载数据集。

```
# 加载 MNIST 测试数据
mnist_test_dataset = MnistDataset('mount/My Drive/Colab
Notebooks/gan/mnist_data/mnist_test.csv')
```

我们可以从测试数据集中挑选一幅图像来查看。下面的代码选择了索引为 19（record=19）的第 20 幅图像。

```
# 挑选一幅图像
record = 19
```

```
# 绘制图像和标签
mnist_test_dataset.plot_image(record)
```

这幅图像看起来像"4"。从记录中提取的标签也证实它是"4"。

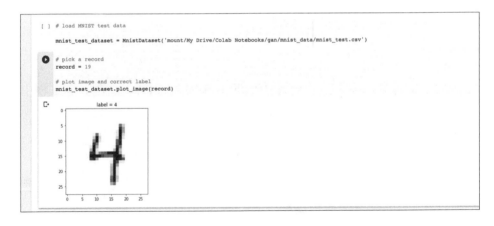

让我们看看训练过的神经网络是如何判断这幅图像的。下面的代码继续使用第 20 幅图像并提取像素值作为 image_data。我们使用 forward() 函数将图像传递并通过神经网络。

```
image_data = mnist_test_dataset[record][1]
```

```
# 调用训练后的神经网络
output = C.forward(image_data)
```

```
# 绘制输出张量
pandas.DataFrame(output.detach().numpy()).plot(kind='bar',
legend=False, ylim=(0,1))
```

输出被转换成一个简单的 numpy 数组，再被包装成一个 DataFrame，以便绘制柱形图。

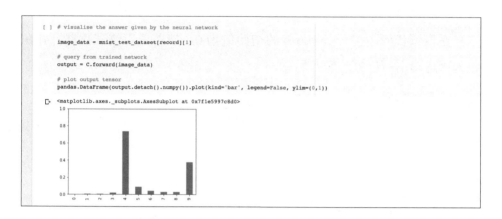

10 条柱形分别对应 10 个神经网络输出节点的值。最大值对应节点 4，也就是说我们的网络认为图像是 4。

好极了！网络对测试图像的分类是正确的。

更进一步地观察会发现，所有其他节点的输出都不是 0。我们不能指望神经网络能够输出明确的答案。事实上，这幅图像看起来也像 9，但是与 4 的相似度更高。回头再看实际的图像，我们可以看到 9 和 4 有时候的确不容易区分。

读者可以选另一幅图像试一试。比如，第 43 幅图像是一个很好的模糊图像例子。此外，看看是否能找到让网络出错的图像。我所训练的网络错误地分类第 34 幅图像。查看这幅图像会发现，它的确写得特别潦草。

1.2.9　简易分类器的性能

要知道我们的神经网络对图像分类的表现如何，一种直接的方法是对MNIST测试数据集中所有10 000幅图像进行分类，并记录正确分类的样本数。分类是否正确可以通过比较网络输出和图像的标签来分辨。

在以下代码中，分数score的初始值为0。接着遍历测试数据，并在每次网络输出与标签匹配时加分。

```python
# 测试用训练数据训练后的网络


score = 0
items = 0


for label, image_data_tensor, target_tensor in mnist_test_
dataset :
    answer = C.forward(image_data_tensor).detach().numpy()
    if (answer.argmax() == label) :
        score += 1
        pass
    items += 1


    pass


print(score, items, score/items)
```

answer.argmax() 语句的作用是输出张量answer中最大值的索引。如果第一个值是最大的，则argmax是0。这是回答"哪个节点的值最大"的一种推荐方法。

下面打印最后得分以及神经网络答对的样本占总样本的分数。

```
[ ]  # test trained neural network on training data

    score = 0;
    items = 0;

    for label, image_data_tensor, target_tensor in mnist_test_dataset:
        answer = C.forward(image_data_tensor).detach().numpy()
        if (answer.argmax() == label):
            score += 1;
            pass
        items += 1;

        pass

    print(score, items, score/items)

[→  8666 10000 0.8666
```

从上图中可以看到，模型的最后分数约为 87%。考虑到这是一个简单的网络，这个分数还不算太差。

试一试，是否可以通过训练网络 3 个周期以上来提高得分。如果训练少于 3 个周期，得分又会怎么样？

读者可以在以下链接获取我们构建这个简单的 MNIST 分类器所用的代码：

- https://github.com/makeyourownneuralnetwork/gan/blob/master/03_mnist_classifier.ipynb

1.3 改良方法

在前一部分中，我们构建了一个神经网络，对手写数字的图像进行分类。尽管我们故意将网络设计得很简单，但它仍然可以很好地运行，并在 MNIST 测试数据集取得了大约 87% 的准确率。

在本节中，我们将探讨一些改良方法，帮助我们提高网络的性能。

1.3.1 损失函数

有时候，我们会把一些神经网络的输出值设计为连续范围的值。例如，一个预测温度的网络会输出 0 ～ 100℃ 的任何值。

也有时候，我们会把网络设计成输出 true/false 或 1/0。例如，我们要判断一幅图像是不是猫，输出值应该尽量接近 0.0 或 1.0，而不是介于两者之间。

如果我们针对不同情况设计损失函数，会发现均方误差只适用于第一种情况。有的读者可能知道这是一个回归（regression）任务，不过不知道也没关系。

对于第二种情况，也就是一个分类（classification）任务，更适合使用其他损失函数。一种常用的损失函数是二元交叉熵损失（binary cross entropy loss），它同时惩罚置信度（confidence）高的错误输出和置信值低的正确输出。PyTorch 将其定义为 nn.BCELoss()。

我们的网络对 MNIST 图像进行分类，属于第二种类型。在理想情况下，输出节点中应该只有一个接近 1.0，其他全部接近 0.0。

复制之前的笔记本，将损失函数从 MSELoss() 更改为 BCELoss()。

```
self.loss_function = nn.BCELoss()
```

让我们像以前一样训练网络 3 个周期。测试数据集的性能得分（准确率）从 87% 提高到了 91%。

再来看看损失图表。

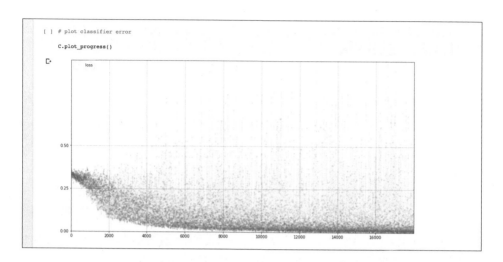

我们可以看到，损失值的确在下降，不过下降的速度比 MSELoss() 慢。损失值的噪声也更大，以至于在训练的后期偶尔也有较高的损失值出现。

虽然损失图看起来比之前要糟糕一些，但是在训练结束时，大部分损失值都更低，性能得分也更高。

我们再来看一下测试数据集中对于第 19 幅图像的输出值。

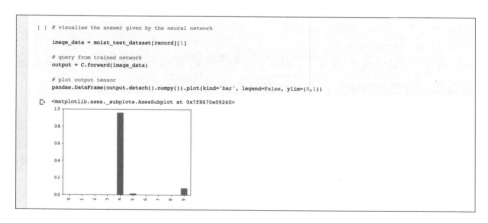

可以看出，网络现在更确信图像是 4。判断图像为 9 的置信度大大降低了。

1.3.2 激活函数

S 型逻辑函数在神经网络发展的早期被广泛使用，因为它的形状看起来比较符合自然界中的实际情况。科学家们普遍认为，动物的神经元之间在传递信号时，也存在一个类似的阈值。此外，也因为在数学上它的梯度较容易计算。

然而，它具有一些缺点。最主要的一个缺点是，在输入值变大时，梯度会变得非常小甚至消失。这意味着，在训练神经网络时，如果发生这种饱和（saturation），我们无法通过梯度来更新链接权重。

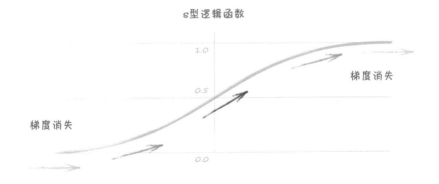

其他可选的激活函数有许多。一个简单的解决方案是使用直线作为激活函数，而直线的固定梯度是永远不会消失的。

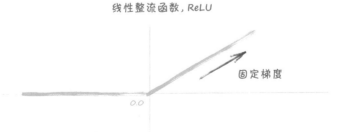

这个激活函数被称为线性整流函数（rectified linear unit），在 PyTorch 中被定义为 ReLU() 函数。

实际上，如果所有负值的斜率都是 0，小于 0 的输入部分同样存在梯度消失的问题。一个简单的改良是在函数的左半边增加一个小梯度，这被称为带泄漏线性整流函数（Leaky ReLU）。

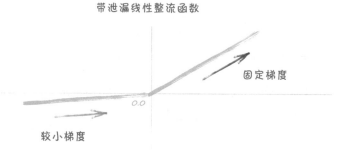

让我们将损失函数重置为 MSELoss()，并将激活函数改为 LeakyReLU（0.02），其中 0.02 是函数左半边的梯度。

```
# 定义神经网络层
self.model = nn.Sequential(
    nn.Linear(784, 200),
    nn.LeakyReLU(0.02),
    nn.Linear(200, 10),
    nn.LeakyReLU(0.02)
)
```

重新训练网络 3 个周期。以我的模型来说，在测试数据集的准确率现在达到了 97%。从之前的 87% 到现在的 97% 是一个巨大的飞跃，已经非常接近使用更复杂网络的工业级纪录。

我们再来看看损失图。

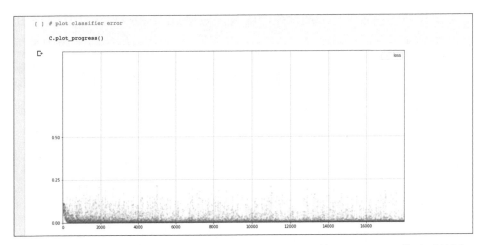

从图中可见，损失值从一开始就迅速下降到接近于 0。即使在训练初期，平均损失值就很低，同时噪声也较少。

对第 19 幅测试图像的预测结果显示，现在的网络非常确信答案是 4。在其他节点的输出一律为 0。

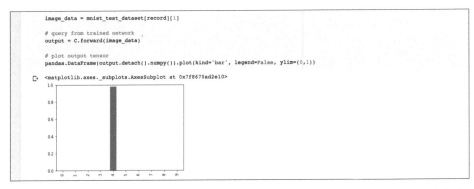

由此可见，改变激活函数效果明显。同时由于简化了梯度，计算变得更简单了。

1.3.3　改良方法

我们还可以改良反向传播梯度更新网络权重的方法。

在此之前，我们使用的是一种相对简单的随机梯度下降法，这也是我们在《Python 神经网络编程》中所使用的方法。这种方法很流行，因为它很简单，对于计算性能的要求也较低。

随机梯度下降法的缺点之一是，它会陷入损失函数的局部最小值（local minima）。另一个缺点是，它对所有可学习的参数都使用单一的学习率。

可替代的方案有许多，其中最常见的是 Adam。它直接解决了以上两个缺点。首先，它利用动量（momentum）的概念，减少陷入局部最小值的可能性。我们可以想象一下，一个沉重的球如何利用动量滚过一个小坑。同时，它对每个可学习参数使用单独的学习率，这些学习率随着每个参数在训练期间的变化而改变。

让我们重新设置代码，保留 MSELoss() 和 S 型激活函数，只将优化器从 SGD 改为 Adam。

```
self.optimiser = torch.optim.Adam(self.parameters())
```

再以 3 个周期来训练网络。对我的模型来说，在测试集的准确率再次达到了 97% 左右。与 87% 相比，这同样是一个巨大的进步，与使用 Leaky ReLU 激活函数的效果一样。

我们看一下损失图。

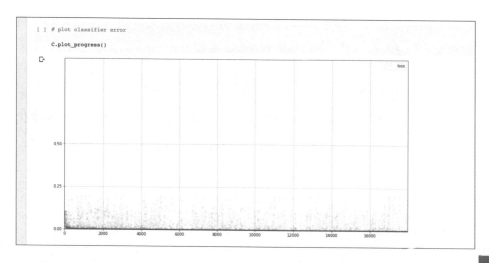

损失值迅速降至 0 左右，且均值始终保持较低。看起来 Adam 优化器真的非常有效。

对第 19 幅测试图像的预测结果显示，网络很确定地认为图中的数字是 4。

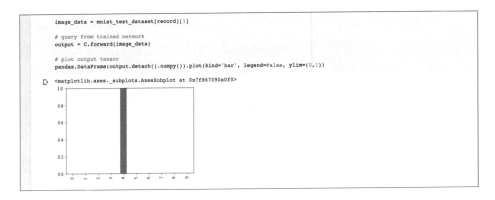

尽管不是十全十美，但 Adam 仍是许多任务的首选。

1.3.4　标准化

神经网络中的权重和信号（向网络输入的数据）的取值范围都很大。之前，我们看到较大的输入值会导致饱和，使学习变得困难。

大量研究表明，减少神经网络中参数和信号的取值范围，以及将均值转换为 0，是有好处的。我们称这种方法为标准化（normalization）。

一种常见的做法是，在信号进入一个神经网络层之前将它标准化。

让我们把代码重置回使用 MSELoss、S 型激活函数以及 SGD 优化器。现在，在网络信号输入最终层之前使用 LayerNorm（200），将它们标准化。

```
# 定义神经网络层
self.model = nn.Sequential(
```

```
    nn.Linear(784, 200),

    nn.LeakyReLU(0.02),


    nn.LayerNorm(200),


    nn.Linear(200, 10),

    nn.LeakyReLU(0.02)
)
```

在训练 3 个周期之后，模型在测试数据集的准确率是 91%，相比原始网络的 87% 有所进步。

看一下损失图。

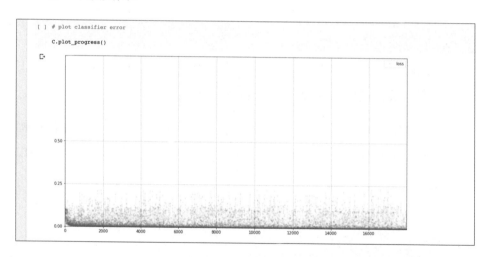

可以看出，损失值下降的速率要高于原始网络。如果我们考虑噪声在图中的密度，而不只是高度，则损失值的噪声也较少。

同样地，网络输出也更加明确，判断为 4 的置信度非常高。同时，对 9 的预测仍有一小部分，这也不难理解。与原始网络不同的是，其他数字的预测值都是 0。

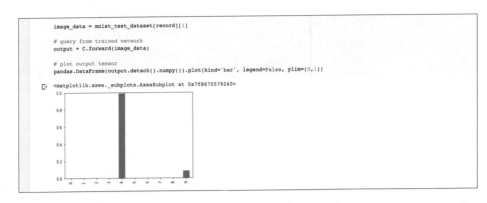

值得一提的是，即便在 2020 年，有关标准化的问题仍未彻底解决。例如，它究竟如何帮助神经网络训练。从不同角度解读的研究论文层出不穷。我们正在使用的是一种全新的技术，这真让人兴奋！

1.3.5 整合改良方法

让我们把以上的改良方法整合到一起，包括 BCE 损失、Leaky ReLU 激活函数、Adam 优化器以及分层标准化。

由于 BCE 只能处理 0 ～ 1 的值，而 Leaky ReLU 则有可能输出范围之外的值，我们在最终层之后保留一个 S 型函数，但是在隐藏层之后使用 LeakyReLU。

```
# 定义神经网络层
self.model = nn.Sequential(
    nn.Linear(784, 200),
    nn.LeakyReLU(0.02),

    nn.LayerNorm(200),

    nn.Linear(200, 10),
    nn.Sigmoid()
)
```

训练 3 个周期之后的准确率是 97%。

看来整合我们的优化方案无法使准确率超过 97%。要达到世界级的分数，我们需要更复杂的网络架构，这里就不做介绍了。

读者可以由以下链接获取刚才使用的代码。

- https://github.com/makeyourownneuralnetwork/gan/blob/master/04_mnist_classifier_refinements.ipynb

1.3.6 学习要点

- 在使用新的数据或者构建新的流程前，应尽量先通过预览了解数据。这样做可以确保数据被正常载入和变换。
- PyTorch可以替我们完成机器学习中的许多工作。为了充分利用PyTorch，我们需要重复使用它的一些功能。比如，神经网络类需要从PyTorch的nn.Module父类继承。
- 通过可视化观察损失值，了解训练进程是很推荐的。
- 均方误差损失适用于输出是连续值的回归任务；二元交叉熵损失更适合输出是1或0（true或false）的分类任务。
- 传统的S型激活函数在处理较大值时，具有梯度消失的缺点。这在网络训练时会造成反馈信号减弱。ReLU激活函数部分解决了这一问题，保持正值部分良好的梯度值。LeakyReLU进一步改良，在负值部分增加一个很小却不会消失的梯度值。
- Adam优化器使用动量来避免进入局部最小值，并保持每个可学习参数独立的学习率。在许多任务上，使用它的效果优于SGD优化器。
- 标准化可以稳定神经网络的训练。一个网络的初始权重通常需要标准化。在信号通过一个神经网络时，使用LayerNorm标准化信号值可以提升网络性能。

1.4　CUDA 基础知识

在《Python 神经网络编程》中，我们详细介绍了信号如何传递并通过神经网络，以及反向传播更新网络链接权重的计算过程。

它们都可以用矩阵乘法计算。一个简单的矩阵乘法，可以取代成百上千次单独计算。这一发现很令人兴奋，因为像 numpy 这样的库正是为了快速有效地进行矩阵乘法而设计的。使用 numpy 将两个矩阵相乘，要比通过 Python 来实现所有不同的组合计算要高效得多。

1.4.1　numpy与Python的比较

使用 numpy 来计算矩阵乘法，可以避免在 Python 的下层软件中操作矩阵值。numpy 可以直接在内存中存储矩阵值。同时，numpy 会尝试使用 CPU 的特殊功能，例如并行计算，而不是一个接一个地逐个计算。

让我们试一下，使用numpy进行矩阵乘法比使用Python的效能提高多少。

开启一个新的笔记本并加载 torch 和 numpy。在一个新的单元格内，运行以下代码。

```
# 方形矩阵大小
size = 600


a = numpy.random.rand(size, size)
b = numpy.random.rand(size, size)
```

在上面的代码中，我们创建了两个 numpy 数组，并将初始值设为 0 ～ 1 的随机值。数列的宽和高都等于变量 size，这里 size 的值为 600。

在另一个新的单元格内，输入以下代码。

```
%%timeit
```

```
x = numpy.dot(a,b)
```

%%timeit 是一个特殊的指令，用于对单元格内运行的代码进行计时。这里，我们使用 numpy 将两个数列相乘。

运行单元格并观察运行时长。

```
[1] import torch
    import numpy

▾ Compare numpy with Python

[2] # size of square matrix
    size = 600

    a = numpy.random.rand(size, size)
    b = numpy.random.rand(size, size)

[3] %%timeit

    x = numpy.dot(a,b)

[→ 100 loops, best of 3: 12.7 ms per loop
```

为了尽量避免后台工作对代码运行的影响，%%timeit 指令多次运行相同的代码并选择最好的结果。这里最快的时间是 12.7 毫秒。对这么大的数组来说这个结果相当快。

接下来，试一下不用 numpy 而直接用 Python 做矩阵乘法。我们需要计算两个矩阵中所有的组合并组成输出矩阵。以下代码无须过多解释，重点是它没有使用 numpy 进行计算。

```
[4] %%timeit

    c = numpy.zeros((size,size))

    for i in range(size):
      for j in range(size):
        for k in range(size):
          c[i,j] += a[i,k] * b[k,j]
        pass
      pass

[→ 1 loop, best of 3: 3min 11s per loop
```

可以看到，这段代码运行了 3 分 11 秒，也就是 191 秒。

相比之下，numpy 的计算快了 1 500 倍！

值得注意的是，这种计时测试虽然简单易用，但并不十分科学。如果真的希望进行性能比较，我们必须在一个更加可控的环境中运行更多次实验。不过对我们来说，一个粗略的比较已经足够了。并且，我们可以很明显地看出 numpy 的矩阵乘法比纯 Python 要快得多。

许多现实中的神经网络比我们试验所用的神经网络要复杂得多，所处理的数据量也大得多。在这种情况下，训练时间可能会非常长。即便使用 numpy 矩阵乘法，也可能需要数小时、数天甚至数周来训练。

为了追求更快的速度，机器学习研究人员开始利用一些计算机中的特殊硬件。这些硬件原本是用来提升图形处理性能的。读者可能听说过这种叫作显卡的硬件。

1.4.2 NVIDIA CUDA

每台计算机都有一个中央处理器（central processing unit，CPU），它是完成大多数工作的主要元件。比如说，是它在运行我们的 Python 代码。我们可以把它想象成计算机的大脑。CPU 的设计是通用的，可以胜任多种不同任务。

显卡中包含一个 GPU，也就是图形处理器（graphics processing unit）。与通用的 CPU 不同，GPU 是专门针对一些特定任务而设计的。其中一个就是数值计算，包括以高度并行化的方式实现矩阵乘法。

下图解释了 CPU 和 GPU 的主要区别。

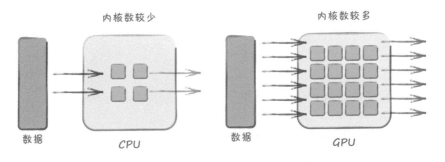

如果要进行很多计算，CPU 需要一个接一个地运行。现代 CPU 可能会用到 2 或 4 个甚至 8 或 16 个内核来进行计算。最近，最强大的消费级 CPU 已经配备了 64 个内核。

GPU 配备了更多计算内核，普遍有上千个。这意味着一个负荷较大的任务可以被分割并分配给所有内核，进而大大缩短整个任务的完成时间。

在很长一段时间里，英伟达（NVIDIA）的 GPU 市场份额一直保持领先。同时，它也是机器学习研究标准的制定者之一。因为他们有一套成熟的软件工具，可以充分利用硬件加速。这套软件框架就是 CUDA。

CUDA 的缺点在于，它只适用于 NVIDIA 的 GPU，造成了我们在硬件选择上的局限性。NVIDIA 的竞争对手是 AMD，而后者才刚刚开始针对自己的 GPU 研发类似的框架。不久之后，可能会出现一个跨平台的标准并得到普及。但是，现在我们必须同时使用 NVIDIA 和 CUDA。

谷歌的 Colab 服务免费提供 GPU 资源来支持加速计算。他们所提供的 GPU 的性能是目前数一数二的。美中不足的是，谷歌限制 GPU 连续使用不超过 12 小时。

1.4.3　在Python中使用CUDA

要在 Python 笔记本中使用谷歌的 GPU，我们需要更改一些设置。从笔记本上方的选项菜单中，选择"Runtime"（运行环境），再选择"Change runtime type"（更改运行环境类型）。

保持运行环境类型为 Python 3，并将硬件加速从 None 改为 GPU。这样一来，谷歌平台中的虚拟机会重启并加载 GPU。

下面，我们一起创建一个存储在 GPU 中的张量。在此之前，我们的张量都存储在普通的计算机内存中，并允许 CPU 存取。

之前我们介绍过如何创建一个张量。

```
x = torch.tensor(3.5)
print(x)
```

在这个简单的例子中，由于我们并没有指定张量中数字的类型，所以默认使用 float32 类型。我们知道，numpy 支持多种数据类型，比如整数类型 int32、浮点数类型 float32 以及精度更高的 float64。

如果我们希望指定数据类型而不使用默认类型，我们的代码需要写成下面这样。

```
x = torch.FloatTensor([3.5])
```

我们可以通过 x.type() 查看数据类型，确认类型是 torch.FloatTensor。

```
x = torch.FloatTensor([3.5])
x.type()
'torch.FloatTensor'
```

创建一个 GPU 中的张量，只需要把前面的代码改为 torch.cuda.FloatTensor。

```
x = torch.cuda.FloatTensor([3.5])
```

看一下数据类型的变化。

```
[44] x = torch.cuda.FloatTensor([3.5])
     x.type()
[→  'torch.cuda.FloatTensor'
```

使用 x.device 可进一步确认张量所在的设备。

```
[45] x = torch.cuda.FloatTensor([3.5])
     x.device
[→  device(type='cuda', index=0)
```

张量 x 所在的设备的确是一个 CUDA 设备。

对存储在 GPU 中的张量进行计算十分简单，大多数时候与正常使用 PyTorch 并无差别。

```
# 在 GPU 上进行张量计算
y = x * x
y
```

该计算并非由 CPU 完成，而是由 GPU 完成的。我们也可以确认新的张量同样存储在 GPU 中。

```
[ ] # calculation with tensor on GPU
    y = x * x
    y
[→  tensor([12.2500], device='cuda:0')
```

尽管看起来区别不大，但这是非常强大的改良。在过去，使用 GPU 进行加速的难度很大。相比之下，现代软件简单易用许多。

然而，我们刚刚进行的计算无法利用 GPU 的算力。事实上，它很可能比在 CPU 上计算还要慢。要使 GPU 发挥优势，我们需要大量数据，并分成小份分派给多个 GPU 内核。

用前面大小为 600×600 的矩阵创建 CUDA 张量，并在 GPU 上进行矩阵乘法。

```
aa = torch.cuda.FloatTensor(a)
bb = torch.cuda.FloatTensor(b)
```

PyTorch 中进行矩阵乘法的函数是 matmul()。

```
cc = torch.matmul(aa, bb)
```

在一个新的单元格里计时。

```
▼ CUDA Performance

[ ]  aa = torch.cuda.FloatTensor(a)
     bb = torch.cuda.FloatTensor(b)

[ ]  %%timeit
     cc = torch.matmul(aa, bb)

[→   The slowest run took 103.31 times longer than the fastest. This could mean that an intermediate result is being cached.
     10000 loops, best of 3: 74.4 µs per loop
```

该运算在 GPU 中只用了 74.4 微秒。不是毫秒，而是微秒。真的是非常快！

尽管这个实验过程不是非常严谨，但从这个简单的测试中我们不难看出，CUDA 的矩阵乘法比用 numpy 要快差不多 150 倍。

如果使用不同的矩阵大小并进行多次实验，我们可以更全面地比较 CPU 与 GPU 的性能。

下图分别展示了 numpy 和 CUDA 进行大小为 100 ~ 2 000 的矩阵的乘法所需的时长。从图中可见，numpy 的运行速度随矩阵变大而变慢。CUDA 计算同样可能变慢，不过在这个级别的数据量上的性能还是游刃有余的。

这幅图很好地展示了 GPU 在处理大量数据时的优势，因为它可以将数据分成小份进行并行计算。

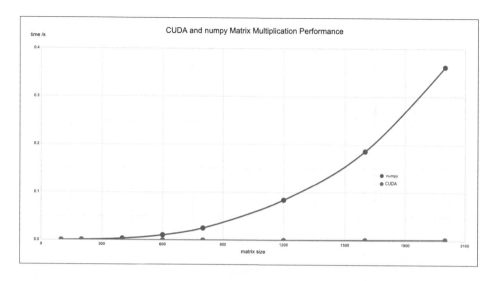

在数据量少的情况下，我们可能会惊讶地发现 GPU 比 CPU 慢。这是因为，以单个计算进行比较，GPU 并不总是快于 CPU，而且 CPU 之间的数据传输与 GPU 之间的数据传输同样耗时。只有在我们可以充分利用多核计算的情况下，GPU 才能发挥优势。换句话说，数据量要足够被分割成若干份以并行计算。

最后，让我们看一段在 Python 笔记本开头检查 CUDA 是否可用的标准代码。

```python
if torch.cuda.is_available():
  torch.set_default_tensor_type(torch.cuda.FloatTensor)
  print("using cuda:", torch.cuda.get_device_name(0))
  pass


device = torch.device("cuda" if torch.cuda.is_available()
else "cpu")


device
```

检查的语句是 torch.cuda.is_available()。如果设备可用，我们将默认的数据类型设为 torch.cuda.FloatTensor。然后，我们打印出 CUDA 找到的设备名。

这段标准代码同时设置一个 PyTorch 设备，在没有默认使用 GPU 的情况下，允许我们通过代码将数据传入 GPU。如果 CUDA 不可用，则设备会指向 CPU。

我们试一下下面的代码，看它找到了哪个 CUDA 设备。

```
[ ] # check if CUDA is available
    # if yes, set default tensor type to cuda

    if torch.cuda.is_available():
      torch.set_default_tensor_type(torch.cuda.FloatTensor)
      print("using cuda:", torch.cuda.get_device_name(0))
      pass

    device = torch.device("cuda" if torch.cuda.is_available() else "cpu")

    device

⯈  using cuda: Tesla P100-PCIE-16GB
    device(type='cuda')
```

我们看到，CUDA 设备是一个 Tesla P100，这是一个非常强大且价格不菲的硬件。根据地区和使用率不同，连接到虚拟机的 GPU 可能不同，不过它们的性能相差不大。我也常使用一个 Tesla T4，它同样是一个强大的 GPU。

刚刚用到的代码可以在以下链接找到：

· https://github.com/makeyourownneuralnetwork/gan/blob/master/05_cuda_basics.ipynb

1.4.4　学习要点

- GPU包含许多计算内核，能以高度并行的方式运行一些计算。最初，它们被设计用来加速计算机图形计算，现在越来越多地被用于加速机器学习计算。

- CUDA是NVIDIA针对GPU加速计算而开发的编程框架。通过PyTorch可以很方便地使用CUDA，无须过多地改变代码。

- 在简单的基准测试中，如矩阵乘法，GPU的速度超过CPU 150倍。

- 在单个计算上，GPU可能比CPU慢。这是因为在CPU之间和在GPU之间的数据传送同样耗时。如果数据量不足以分配给多个内核，GPU的优势便无法得到发挥。

第2章 GAN初步

在本章中，我们将介绍对抗训练的概念，并由简入繁、循序渐进地构建更复杂的 GAN 模型。我们先从简单的 1010 格式规律开始，接着生成单色的手写数字，最后生成彩色的人脸图像。

2.1 GAN 的概念

在探索 GAN 之前，我们先设定一个应用场景。

2.1.1 生成图像

通常情况下，我们使用神经网络来减少、提取、总结信息。MNIST 分类器就是一个很好的例子。它有 784 个输入值，但只有 10 个输出值，输出值数量远小于输入值数量。

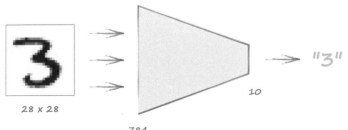

让我们做一个思维实验。如果把一个神经网络的输入与输出反转，应该能够实现与"减少"相反的功能。换句话说，可以把较少的数据扩展成更多的数据。这样一来，我们就得到了图像数据。

想象一下，一个可以自己创造数据的网络！

这并不是天方夜谭。在《Python神经网络编程》中，我们将一个代表数字的独热目标向量，通过一个训练好的网络向后传播，以生成该数字的某种理想化图像。我们把这个过程称为反向查询（backquery）。

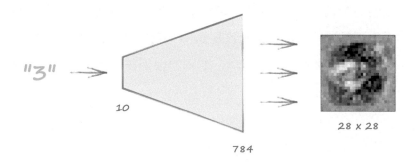

我们发现，由反向查询创建的图像具有以下特征：

· 在独热向量相同的情况下，生成的图像总是相同的；

· 它们是有标签的训练数据的像素平均值。

能够用网络来生成图像已经很不错了，但理想的情况应该是：

· 网络可以生成不同的图像；

· 生成的图像看起来像训练数据中的一个样本，而不是数据集的平滑平均值。

这两个挑战对于生成逼真、可用的图像非常重要。简单的反向查询并不能解决这些挑战。因此，我们需要一种不同的方法。

2.1.2 对抗训练

2014 年，伊恩·古德费洛提出了一种不同的网络架构。这种架构并不比其他神经网络更大、更广，或者更深。它也没有使用更高级的激活函数或者更先进的优化技术。但它在结构上完全不同于其他神经网络。

让我们一步一步地了解这个想法。

下图是一个神经网络，可以学习分类一幅图像是不是猫咪的图像。

如果网络的输入是一幅猫咪的图像，输出值应该是 1，对应真（true）；如果图像中不是猫咪，输出值应该是 0，对应伪（false）。该架构与我们在MNIST 分类中使用的架构很相似。唯一的区别在于，这个分类器输出的是一个值，而不是 10 个值。

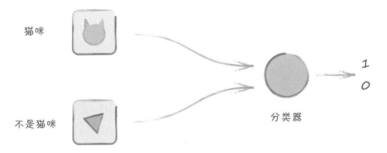

接着，我们稍微改动一下这个任务。改动之前，分类器试图区分一幅图像是不是猫咪的图像；改动之后，分类器可以区分一幅图像是真实的猫咪照片还是我画的卡通猫咪。

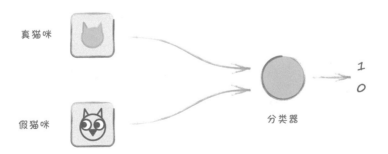

这个改动在架构上没有明显的变化。我们仍然有两种图像，而神经网络分类器可以被训练用于区分这两种图像。

我们可以把分类器想象成一个侦探。在训练之前，侦探无法很好地分辨真猫咪和假猫咪。随着训练的进行，侦探会越来越善于发现假猫咪，并将它们与真猫咪区分开来。

这个任务到目前为止仍然很简单。让我们进行下一步改动。

我们不再用一叠假的图像，现在想象一下，我们有一个能生成假图像的网络组件。

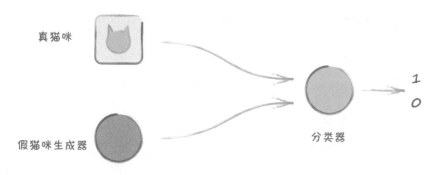

这样一来，我们无须准备假猫咪图像数据集，只需要通过代码来生成图像。要生成杂乱无章的、看起来一点也不像猫的图像并不难。比方说，我们可以随意画一些简单的三角形。同时，分类器的甄别工作也同样轻松。

重要的是下面的一步。

现在，假设我们用一个被训练用于生成图像的神经网络，取代之前只能生成低质量图像的组件。我们称它为生成器（generator）。同时，我们把分类器称为鉴别器（discriminator），这也是它在该架构中通用的命名。

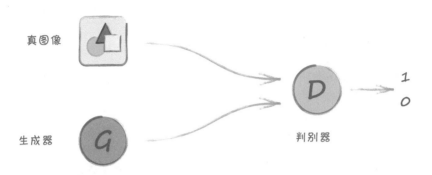

让我们思考一下该如何训练生成器。训练的关键在于，我们希望奖励哪些行为，惩罚哪些行为。这也正是损失函数的作用。

- 如果图像通过了鉴别器的检验，我们奖励生成器。

- 如果伪造的图像被识破，我们惩罚生成器。

暂时不需要担心关于损失函数的问题，只需要看整体框架。

鉴别器的作用是把真实的图像和生成的图像区分开。如果生成器的表现不佳，区分工作就很容易。不过，如果训练生成器，它的表现应该越来越好，并生成越来越逼真的图像。

这个想法的确很酷。不过这还不是全部。

随着训练的进展，鉴别器的表现越来越好，生成器也必须不断进步，才能骗过更好的鉴别器。最终，生成器也变得非常出色，可以生成足以以假乱真的图像。

鉴别器和生成器是竞争对手（adversary）关系，双方都试图超越对方，并在这个过程中逐步提高。我们称这种架构为生成对抗网络（Generative Adversarial Network，GAN）。

这是一个非常巧妙的设计，不仅因为它利用竞争来驱动进步，也因为我们不需要定义具体的规则来描述要编码到损失函数中的真实图像。机器学习的历史告诉我们，我们并不擅长定义这样的规则。相反，我们让 GAN 自己来学习什么是真正的图像。

以上描述的设计着实让人兴奋。世界顶尖机器学习专家之一杨立昆称 GAN 为"机器学习领域近 20 年来最酷的想法"。

2.1.3　GAN的训练

在 GAN 的架构中，生成器和鉴别器都需要训练。我们不希望先用所有的训练数据训练其中任何一方，再训练另一方。我们希望它们能一起学习，任何一方都不应该超过另一方太多。

下面的三步训练循环是实现这一目标的一种方法。

- 第 1 步——向鉴别器展示一个真实的数据样本，告诉它该样本的分类应该是 1.0。

- 第 2 步——向鉴别器显示一个生成器的输出，告诉它该样本的分类应该是 0.0。

- 第 3 步——向鉴别器显示一个生成器的输出，告诉生成器结果应该是 1.0。

这就是大多数 GAN 训练方案的核心。

我们用下面几幅图说明这些步骤的实际意义。

第 1 步最简单，我们也最熟悉。我们向鉴别器展示一幅实际数据集中的图像，并让它对图像进行分类。输出应为 1.0，我们再用损失来更新鉴别器。

第 2 步同样是训练鉴别器，不过这一次我们向它展示的是生成器的图像。输出的结果应该是 0.0。我们只用损失来更新鉴别器。在这一步中，我们必须注意不要更新生成器。因为我们不希望它因为被鉴别器识破而受到奖励。稍后，在编写 GAN 的代码时，我们将看到具体如何防止更新通过计算图回到生成器。

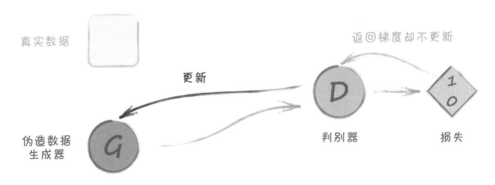

第 3 步是训练生成器。我们先用它生成一个图像，并将生成的图像输入给鉴别器进行分类。鉴别器的预期输出应该是 1.0。换句话说，我们希望生成器能成功骗过鉴别器，让它误以为图像是真实的，而不是生成的。

我们只用结果的损失来更新生成器，而不更新鉴别器。因为我们不希望因为错误分类而奖励鉴别器。在编码时，这也很容易做到。

这些步骤看起来好像很复杂。但是，在实践中我们会发现，它们非常容易实现。

2.1.4　训练GAN的挑战

刚才，我们讲解了 GAN 的原理。在现实中，训练 GAN 可能很困难。如果我们把生成器和鉴别器对立起来，不难发现，只有当它们之间达到微妙的平衡时，它们才会互相提高。如果鉴别器进步得太快，生成器可能永远也追不上。另一方面，如果鉴别器的学习速度太慢，生成器则会因为不断生成质量较差的图像而受到奖励。

GAN 是机器学习的新领域，还处于研究的早期阶段，需要理解如何让它们工作，如何让它们失败。也正因为我们正在做最前沿的工作，所以任何人都有机会有新的发现，从而为人类整体的知识进步添砖加瓦！

现在，让我们先抛开关于 GAN 如何失败的理论讨论，直接动手开始构建网络。当训练中出现什么问题的时候，我们再具体探讨。

2.1.5　学习要点

- 分类是对数据的简化。分类神经网络把较多的输入值缩减成很少的输出值，每个输出值对应一个类别。
- 生成是对数据的扩展。一个生成神经网络将少量的输入种子值扩展成大量的输出值，例如图像像素值。

- 生成对抗网络（GAN）由两个神经网络组成，一个是生成器，另一个是鉴别器，它们被设计为竞争对手。鉴别器经过训练后，可将训练集中的数据分类为真实数据，将生成器产生的数据分类为伪造数据；生成器在训练后，能创建可以以假乱真的数据来欺骗鉴别器。
- 成功地设计和训练GAN并不容易。因为GAN的概念还很新，描述其工作原理以及为什么会训练失败的基本理论尚未成熟。
- 标准的GAN训练循环有3个步骤。（1）用真实的训练数据集训练鉴别器；（2）用生成的数据训练鉴别器；（3）训练生成器生成数据，并使鉴别器以为它是真实数据。

2.2　生成 1010 格式规律

现在，我们来构建一个 GAN，用生成器学习创建符合 1010 格式规律的值。这个任务比生成图像要简单。通过这个任务，我们可以了解 GAN 的基本代码框架，并实践如何观察训练进程。完成这个简单的任务有助于我们为接下来生成图像的任务做好准备。

跟之前一样，我们先用纸和笔把希望实现的架构画下来。

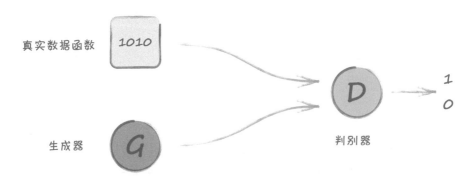

我们看到的正是 GAN 的整体架构。真实的数据集被替换成了一个函数，会一直生成 1010 格式规律的数据。对于这样一个简单的数据源，我们不需要使用 PyTorch 的 torch.utils.data.Dataset 对象。

生成器是一个神经网络，有 4 个输出值，我们希望训练它输出 1010 格式规律的数据。另一方面，鉴别器根据这 4 个值，试图判断它是来自真实数据源还是来自生成器。

让我们依次对每个部分进行编码。启动一个新的笔记本，并导入标准库。

```
import torch
import torch.nn as nn


import pandas
import matplotlib.pyplot as plt
```

2.2.1　真实数据源

真实数据源可以是一个一直返回 1010 格式规律的数据的函数。

```
def generate_real():
    real_data = torch.FloatTensor([1, 0, 1, 0])
    return real_data
```

不过，现实生活中很少有如此精确、恒定的数据。所以，让我们给高低值分别添加一些随机性，让这个函数更加真实。要生成随机数，我们需要导入 Python 的 random 模块，再使用 random.uniform() 函数。

```
def generate_real():
    real_data = torch.FloatTensor(
        [random.uniform(0.8, 1.0),
         random.uniform(0.0, 0.2),
         random.uniform(0.8, 1.0),
         random.uniform(0.0, 0.2)])
    return real_data
```

测试一下这个函数，看它是不是能返回一个包含 4 个值的张量。其中，第 1 个和第 3 个值是 0.8 ～ 1.0 的随机数，第 2 和第 4 个值是 0.0 ～ 0.2 的随机数。

```
[5] # function to generate real data

    def generate_real():
        real_data = torch.FloatTensor(
            [random.uniform(0.8, 1.0),
             random.uniform(0.0, 0.2),
             random.uniform(0.8, 1.0),
             random.uniform(0.0, 0.2)])
        return real_data

    generate_real()

[→  tensor([0.9165, 0.1794, 0.9206, 0.1609])
```

2.2.2 构建鉴别器

我们先编辑鉴别器。跟之前一样，它是一个继承自 nn.Module 的神经网络。我们按照 PyTorch 所需要的方式初始化网络，并创建一个 forward() 函数。

以下是鉴别器类的构造函数。

```
class Discriminator(nn.Module):


    def __init__(self):
        # 初始化 PyTorch 父类
        super().__init__()


        # 定义神经网络层
        self.model = nn.Sequential(
            nn.Linear(4, 3),
            nn.Sigmoid(),
            nn.Linear(3, 1),
            nn.Sigmoid()
        )
```

```
        # 创建损失函数
        self.loss_function = nn.MSELoss()


        # 创建优化器，使用随机梯度下降
        self.optimiser = torch.optim.SGD(self.parameters(),
        lr=0.01)


        # 计数器和进程记录
        self.counter = 0
        self.progress = []


        pass
```

在以上代码中，我们通过 nn.Sequential 定义了网络层、一个均方误差损失函数以及一个随机梯度下降优化器。我们也创建了一个计数器（counter）和一个进程记录列表（progress），用于记录训练期间的损失变化。这些与我们之前编写的几乎完全一样。

网络本身其实很简单。它在输入层有 4 个节点，因为输入是由 4 个值组成的。在最后一层，它输出单个值。该值为 1 表示为真，该值为 0 则表示为伪。隐藏的中间层有 3 个节点。它的确是一个非常小的网络！

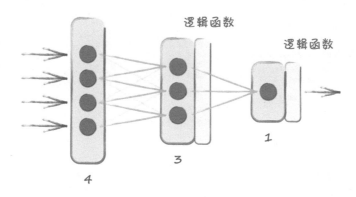

通过 forward() 函数调用上面的模型，输入数据并返回网络输出。

```python
def forward(self, inputs):
    # 直接运行模型
    return self.model(inputs)
```

训练函数 train() 同样可以重复使用第 1 章中的代码。

```python
def train(self, inputs, targets):
    # 计算网络的输出
    outputs = self.forward(inputs)


    # 计算损失值
    loss = self.loss_function(outputs, targets)


    # 每训练 10 次增加计数器
    self.counter += 1
    if (self.counter % 10 == 0):
        self.progress.append(loss.item())
        pass
    if (self.counter % 10000 == 0):
        print("counter = ", self.counter)
        pass


    # 归零梯度，反向传播，并更新权重
    self.optimiser.zero_grad()
    loss.backward()
    self.optimiser.step()


    pass
```

我们可以看到训练函数的标准流程。首先，神经网络根据输入值计算输出值。损失值是通过比较输出值和目标值计算得到的。网络中的梯度由这个损失值计算得到，再通过优化器逐步更新可学习参数。我们通过计数器记录了 train() 函数被调用的次数，每调用 10 次添加损失值到列表中。

最后，我们再创建一个 plot_progress() 函数，用来绘制损失值变化的图形。跟第 1 章中如出一辙。

```
def plot_progress(self):
    df = pandas.DataFrame(self.progress, columns=['loss'])
    df.plot(ylim=(0, 1.0), figsize=(16,8), alpha=0.1,
    marker='.', grid=True, yticks=(0, 0.25, 0.5))
    pass
```

这些代码与我们的 MNIST 分类器相似，这并不令人意外。鉴别器本来就是一个分类器，只是层数较少，且只有一个输出值。

2.2.3 测试鉴别器

在任何机器学习架构中，对重要组件的测试都是很必要的。我们先来测试鉴别器。

由于还没有创建生成器，因此我们无法真正测试与之竞争的鉴别器。目前能做的是，检验鉴别器是否能将真实数据与随机数据区分开。

这听起来似乎没有什么用，不过它的确有效。它可以告诉我们，鉴别器至少有能力从随机数据中区分出真实数据。如果它做不到这一点，那么它也不太可能完成更艰巨的区分真实数据与看似真实的假数据的任务。所以，这个测试可以筛选出不太可能与生成器竞争的鉴别器。

让我们创建一个函数来生成随机噪声。

```
def generate_random(size):
    random_data = torch.rand(size)
    return random_data
```

我们也可以创建一个类似于 generate_real() 的函数，不过上面的函数更通用，可以生成任何大小的张量。譬如，generate_random（4）会返回一个包含 4 个 0～1 的值的张量。读者可以自己试一下调整大小。

现在让我们用一个训练循环来训练鉴别器，并对以下两种分类提供奖励：

- 符合 1010 格式规律的数据是真实的，目标输出为 1.0；

- 随机生成的数据是伪造的，目标输出为 0.0。

训练循环如下。

```
D = Discriminator()


for i in range(10000):
    # 真实数据
    D.train(generate_real(), torch.FloatTensor([1.0]))
    # 随机数据
    D.train(generate_random(), torch.FloatTensor([0.0]))
    pass
```

训练循环会运行 10 000 次。鉴别器的 train() 函数接收来自 generate_real() 函数的真实数据，以及一个值为 1.0 的张量作为训练目标。这样做的目的是，鼓励网络对具有 1010 规律的实际数据尝试输出 1.0。同样地，鉴别器的 train() 函数也会从 generate_random() 函数中接收随机噪声和目标值 0.0，以鼓励它在看到不符合 1010 格式规律的数据时输出 0.0。

在一个新的单元格内运行训练循环。过程需要差不多 10 秒。完成之后，我们可以通过损失图了解训练效果。

```
D.plot_progress()
```

我的模型的损失图如下图所示。读者们的模型应该也差不多。

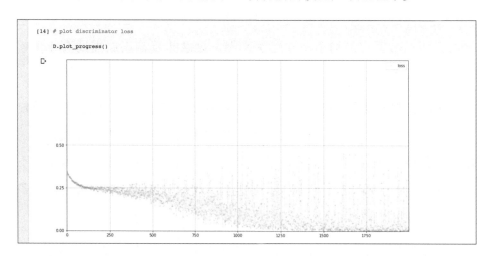

损失值先徘徊于 0.25 左右。之后，随着鉴别器从噪声中区分真实数据的表现越来越好，损失值下降至接近于 0。

在继续之前，让我们给训练后的鉴别器输入一些样本。如果我们的输入符合 1010 格式规律，我们应该得到一个接近 1.0 的值；如果我们的输入是随机生成的，输出应该接近 0.0。

```
[ ]  # manually run discriminator to check it can tell real data from fake

     print( D.forward( generate_real() ).item() )
     print( D.forward( generate_random(4) ).item() )

[→  0.8029624223709106
    0.061219748109579086
```

这更明确地说明鉴别器是有效的。尽管读者们的具体输出值会略有不同。

让我们回顾一下到目前为止的进度。我们无法证明鉴别器可以与生成器有效地竞争。但能证明的是，鉴别器至少能学会从真实数据集和随机噪声中进行分辨。如果做不到这一点，我们就更不能指望它能与生成器竞争了。

2.2.4　构建生成器

构建一个生成器需要花更多的工夫，让我们一步一步来进行。

生成器是一个神经网络，而不是一个简单的函数，因为我们希望让它学习。我们希望它的输出能骗过鉴别器。这意味着输出层需要有 4 个节点，对应实际数据格式。

生成器的隐藏层应该有多大？输入层呢？我们不需要局限于一个特定的大小，不过这个大小应该足以学习。但也不要太大，因为训练很大的网络需要花很长时间。同时，我们需要配合鉴别器的学习速度。因为我们不希望生成器和鉴别器中的任何一个领先另一个太多。基于这些考量，许多人从复制鉴别器的构造入手来设计生成器。

让我们尝试设计一个生成器吧。它的输入层有 1 个节点，隐含层有 3 个节点，输出层有 4 个节点。这就是一个反向鉴别器。

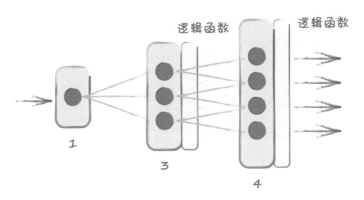

跟所有的神经网络一样，生成器也需要输入。生成器的输入应该是什么呢？我们先从最简单的方案做起，即输入一个常数值。我们知道，太大的值会增加训练的难度，而标准化数据会有所帮助。我们暂时设输入值为 0.5，如果遇到问题，可以回来修改。

我们从定义一个生成器类 Generator 开始，可以直接复制鉴别器类

Discriminator 的代码并加以修改。

```
class Generator(nn.Module):

    def __init__(self):
        # 初始化 PyTorch 父类
        super().__init__()

        # 定义神经网络层
        self.model = nn.Sequential(
            nn.Linear(1, 3),
            nn.Sigmoid(),
            nn.Linear(3, 4),
            nn.Sigmoid()
        )

        # 创建优化器，使用随机梯度下降
        self.optimiser = torch.optim.SGD(self.parameters(),
        lr=0.01)

        # 计数器和进程记录
        self.counter = 0
        self.progress = []

        pass


    def forward(self, inputs):
        # 直接运行模型
        return self.model(inputs)
```

从代码中可以看出，生成器类和鉴别器类的定义最明显的区别在于神经网络层的定义。

读者可能已经发现，这里没有使用 self.loss_function，因为我们不需要它了。回顾 GAN 的训练循环，我们使用的唯一的损失函数是根据鉴别器的输出计算的。最后，我们根据由鉴别器损失值计算的误差梯度来更新生成器。

现在，让我们思考一下生成器的 train() 函数。生成器的训练与鉴别器的训练稍有不同。对于鉴别器，我们知道目标输出是什么。而对于生成器，我们不知道目标输出。我们已知的是反向传播梯度，它根据 2.1.3 节讨论的 GAN 训练循环第 3 步的鉴别器的输出损失值计算得出。

因此，训练生成器也需要鉴别器的损失值。实现这一关系的编码方法有多种。一种简单的方法是将鉴别器传递给生成器的 train() 函数。这样可以保持训练循环代码的整洁。

看一下以下代码。

```python
def train(self, D, inputs, targets):
    # 计算网络输出
    g_output = self.forward(inputs)

    # 输入鉴别器
    d_output = D.forward(g_output)

    # 计算损失值
    loss = D.loss_function(d_output, targets)
```

```
# 每训练10次增加计数器
self.counter += 1
if (self.counter % 10 == 0):
    self.progress.append(loss.item())
    pass


# 梯度归零，反向传播，并更新权重
self.optimiser.zero_grad()
loss.backward()
self.optimiser.step()


    pass
```

这段代码很容易理解。首先，self.forward(inputs) 将输入值 inputs 传递给生成器自身的神经网络。接着，通过 D.forward(g_output) 将生成器网络的输出 g_ouput 传递给鉴别器的神经网络，并输出分类结果 d_output。

鉴别器损失值由这个 d_output 和训练目标 targets 变量计算得出。误差梯度的反向传播由这个损失值触发，在计算图中经过鉴别器回到生成器。

更新由 self.optimiser 而不是 D.optimiser 触发。这样一来，只有生成器的链接权重得到更新，这正是 GAN 训练循环第 3 步的目的。

有 Python 使用经验的读者可能会问，将整个复杂的 discriminator 对象传递给生成器的 train() 函数有没有问题？其实不必担心，因为 Python 没有传递单独的副本，它传递的只是对同一对象的引用。这样不仅高效，而且允许我们在生成器中对该对象进行更改，并可以反向传递误差梯度。如果读者看不懂这个问题也不要担心。对于有 Python 经验的读者，希望这些解释可以解答你的疑问。

我们还删除了生成器里 train() 函数中的计数打印语句，改为在鉴别器的 train() 中打印。这样可以通过真实的训练数据更准确地反映训练进度。

最后，我们在生成器类中加入 plot_progress() 函数，该函数与鉴别器类中的完全相同（见 2.2.2 节）。

2.2.5　检查生成器输出

同样地，我们推荐独立测试机器学习架构的每个组件是否正常工作。在训练生成器之前，让我们检查一下它的输出是否符合要求。

在一个新的单元格中，运行以下代码来创建一个新的生成器对象，并输入一个值为 0.5 的单值张量。

```
G = Generator()
G.forward(torch.FloatTensor([0.5]))
```

可以看到，生成器的输出有 4 个值，符合我们的要求。

```
[17] # check the generator output is of the right type and shape
    G = Generator()
    G.forward(torch.FloatTensor([0.5]))
[→  tensor([0.3959, 0.6054, 0.4798, 0.5274], grad_fn=<SigmoidBackward>)
```

然而，该结果不符合 1010 格式规律，因为生成器还没有经过训练。

2.2.6　训练GAN

终于到了训练 GAN 的步骤。让我们看一下以下代码。

```
# 创建鉴别器和生成器


D = Discriminator()
G = Generator()
```

```
#  训练鉴别器和生成器

for i in range(10000):

    # 用真实样本训练鉴别器
    D.train(generate_real(), torch.FloatTensor([1.0]))

    # 用生成样本训练鉴别器
    # 使用 detach() 以避免计算生成器 G 中的梯度
    D.train(G.forward(torch.FloatTensor([0.5])).detach(),
    torch.FloatTensor([0.0]))

    # 训练生成器
    G.train(D, torch.FloatTensor([0.5]), torch.FloatTensor
    ([1.0]))

    pass
```

首先，我们创建了新的鉴别器和生成器对象。接着，运行训练循环
10 000 次。每次循环都重复训练 GAN 的 3 个步骤。

第 1 步，我们用真实的数据训练鉴别器。

第 2 步，我们使用一组生成数据来训练鉴别器。对于生成器输出，
detach() 的作用是将其从计算图中分离出来。通常，对鉴别器损失直接调
用 backwards() 函数会计算整个计算图路径的所有误差梯度。这个路径从
鉴别器损失开始，经过鉴别器本身，最后返回生成器。由于我们只希望训
练鉴别器，因此不需要计算生成器的梯度。生成器的 detach() 可以在该点
切断计算图。下图更直观地解释了这一点。

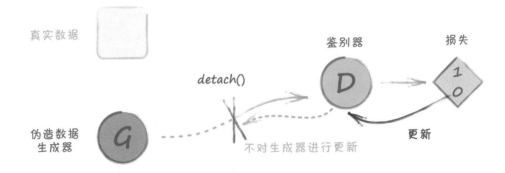

为什么要这么做呢？即使不这样做，照常计算生成器中的梯度，应该
也不会有什么坏处吧？的确，在我们这个简单的网络中，切断计算图的好
处不是很明显。但是，对于更大的网络，这么做可以明显地节省计算成本。

第 3 步，我们输入鉴别器对象和单值 0.5 训练生成器。这里没有使用
detach()，是因为我们希望误差梯度从鉴别器损失传回生成器。生成器的
train() 函数只更新生成器的链接权重，因此我们不需要防止鉴别器被更新。

由于训练 GAN 需要的时间可能比较长，因此在单元格的顶部加入 %%time
指令可以帮助我们统计训练所需时间，在进行多个实验的时候尤其有用。

尝试运行代码。对我们这个简单网络来说，训练需要 16 秒左右。

```
[ ] %%time

    # create Discriminator and Generator

    D = Discriminator()
    G = Generator()

    # train Discriminator and Generator

    for i in range(10000):

        # train Discriminator on true
        D.train(generate_real(), torch.FloatTensor([1.0]))

        # train Discriminator on false
        # use detach() so gradients in G are not calculated
        D.train(G.forward(torch.FloatTensor([0.5])).detach(), torch.FloatTensor([0.0]))

        # train Generator
        G.train(D, torch.FloatTensor([0.5]), torch.FloatTensor([1.0]))

        pass

[→  counter =  10000
    counter =  20000
    CPU times: user 14.8 s, sys: 1.46 s, total: 16.3 s
    Wall time: 16.2 s
```

接着，让我们使用 D.plot_progress() 函数看一下鉴别器的训练进展。

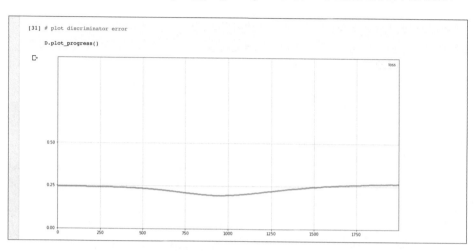

这条曲线有意思！

在此之前，我们认为，随着神经网络在任务中的表现越来越好，我们的训练损失值将接近 0。然而，这里的损失值保持在 0.25 左右。这个数字有什么特别的含义吗？

当鉴别器不擅长从伪造数据中识别真实数据时，它就无法确定输出 0.0 还是 1.0，索性就输出 0.5。因为我们使用了均方误差，所以损失值的结果是 0.5 的平方，也就是 0.25。

在这里，随着训练的进行，损失值略有下降，但幅度并不大。这说明网络有了一些进步。目前还不清楚，它是在识别真实的 1010 格式规律方面做得更好，还是在识别生成的伪造数据方面做得更好，或者两方面都很出色。在训练的后期，损失值回升到 0.25。这是一个好现象，说明生成器已经学会生成 1010 格式的数据，从而使鉴别器无法区分。换句话说，鉴别器的输出是 0.5，介于 0～1。这也正是损失值反弹到 0.25 的原因。

让我们再通过 G.plot_progress() 了解一下生成器的训练进展。

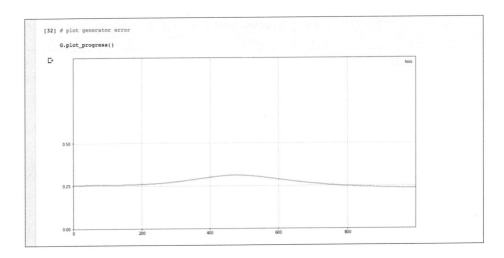

```
[32] # plot generator error

    G.plot_progress()
```

刚开始，鉴别器在区分真假模式时并不是很确定。在训练进行到一半时，损失值略有增加，这表明生成器在进步，开始可以骗过鉴别器了。在训练后期，我们看到生成器和鉴别器达到平衡。

通过观察训练过程中的损失值变化来了解训练的进展是一个好习惯。从上面的两个图中，我们看到训练没有完全失败，也没有看到损失值的剧烈振荡，那是学习不稳定的一种表现。

现在，让我们试验一下训练后的生成器，看看它会生成什么样的数据。这是我们第一次自己生成数据！

```
[33] # manually run generator to see it's outputs

    G.forward(torch.FloatTensor([0.5]))

 tensor([0.9082, 0.0516, 0.9118, 0.0463], grad_fn=<SigmoidBackward>)
```

我们可以看到，生成器的确输出了一个符合 1010 格式规律的结果，第 1 个和第 3 个值明显高于第 2 个和第 4 个值。高数值在 0.9 左右，低数值在 0.05 左右。效果相当不错。

让我们增加一个额外的实验，看看 1010 格式规律在训练过程中是如何演变的。为此，我们可以在训练循环之前创建一个空列表 image_list，每 1 000 次训练循环记录一次生成器的输出。

```
# 每训练 1 000 次记录图像
if (i % 1000 == 0):
    image_list.append( G.forward(torch.FloatTensor([0.5])).
    detach().numpy() )
```

在这里，为了将生成器的输出张量以 numpy 数组的形式保存，我们需要在使用 numpy() 之前使用 detach() 将输出张量从计算图中分离出来。

在训练之后，我们的 image_list 中应该有 10 个输出数组，每个数组包含 4 个值。下面，我们将每个输出转换成 10×4 的 numpy 数组，再将它对角翻转。这样做的目的是，方便我们观察它从左向右的演化过程。

```
plt.figure(figsize = (16,8))
plt.imshow(numpy.array(image_list).T, interpolation='none',
cmap='Blues')
```

运行这段代码需要我们在笔记本的顶端导入 numpy 库。

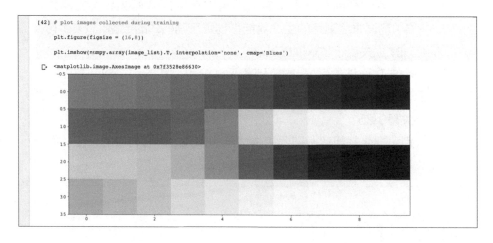

上图非常清楚地显示了生成器是如何随着训练时间而进步的。最初，生成器输出的规律相当模糊。在训练进行到一半时，生成器突然可以生成有点符合 1010 格式规律的图像了。在余下的训练过程中，该输出规律变得越来越清晰。

以上所有代码可在以下链接中找到。

- https://github.com/makeyourownneuralnetwork/gan/blob/master/06_gan_simple_pattern.ipynb

是时候休息一下了！我们做了大量工作来构建第一个 GAN，并成功地训练了它。

在休息的时候，我们可以继续思考、理解这个现象：生成器从来没有直接看到过训练数据，但是它已经学会了生成一个足以以假乱真的数据模式。

2.2.7　学习要点

- 构建和训练GAN的推荐步骤：（1）从真实数据集预览数据；（2）测试鉴别器至少具备从随机噪声中区分真实数据的能力；（3）测试未经训练的生成器能否创建正确格式的数据；（4）可视化观察损失值，了解训练进展。
- 一个成功训练的GAN的鉴别器无法分辨真实的和生成的数据。因此，它的输出应该是介于0.0~1.0，也就是0.5。理想的均方误差损失是0.25。
- 分别可视化并观察鉴别器和生成器的损失是非常有用的。生成器损失是鉴别器在判断生成数据时产生的损失。

2.3　生成手写数字

在 2.2 节中，我们进行了大量的工作来编写 GAN 的框架，并熟悉了它的使用。这意味着，当我们从生成简单的 1010 格式规律过渡到生成看起来像手写数字的图像时，所需的工作量相对减少了。

我们还是从一个架构图开始吧。

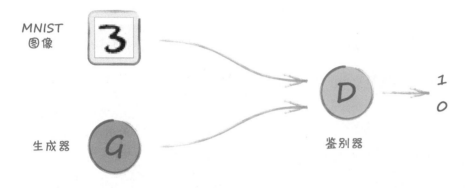

如图所示，总体的架构仍然保持不变。真实图像由我们在第 1 章中使用过的 MNIST 数据集提供。生成器的任务是生成相同大小的图像。随着训练的进展，我们希望生成的图像越来越真实，并可以骗过鉴别器。

让我们创建一个新的笔记本并导入所需的库。

```
import torch
import torch.nn as nn
from torch.utils.data import Dataset

import pandas, numpy, random
import matplotlib.pyplot as plt
```

在构建代码时，我们将复制之前构建 MNIST 分类器以及用于生成 1010 格式规律 GAN 的代码。

2.3.1 数据类

我们将使用 torch.utils.data.Dataset 从 CSV 文件源载入 MNIST 数据，

它是 PyTorch 提供的类。我们可以直接复制之前创建的 MnistDataset 类，无须任何改变。

Dataset 类将数据包装成张量。对于每个样本，它返回一个代表实际数字的标签、一个 0 ～ 1 的像素值，以及一个独热目标张量。

要读取 MNIST 数据的 CSV 格式文件，我们仍需要加载谷歌 Drive。

加载完成后，我们可以通过绘制样本图像，测试 Dataset 类是否可以正常工作。

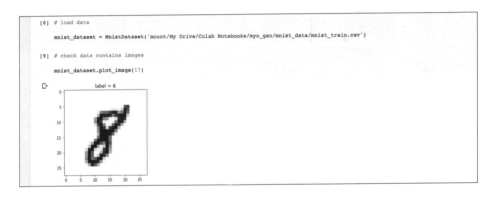

2.3.2　MNIST鉴别器

GAN 里面的鉴别器是一个分类器。我们已经为 MNIST 图像构建了一个分类器。事实上，MNIST 分类器的代码几乎与我们在 1010 GAN 中使用的完全相同。唯一的区别是神经网络的大小。

这里，我们可以复制 2.2.2 节中的鉴别器代码，只需要对神经网络层的大小作出调整即可。

```
self.model = nn.Sequential(
    nn.Linear(784, 200),
    nn.Sigmoid(),
    nn.Linear(200, 1),
```

```
    nn.Sigmoid()
)
```

鉴别器类中的其他部分保持不变，包括 forward()、train() 以及 plot_ progress() 函数。

2.3.3　测试鉴别器

在构建生成器之前，我们先测试鉴别器，确保它至少能将真实图像与随机噪声区分开。由于我们在第 1 章已经构建了一个类似的神经网络用于数字图像分类，这个测试应该不成问题。

以下代码将使用 60 000 幅训练集中的真实图像，奖励鉴别器将训练数据判别为真，也就是输出 1.0。

```
D = Discriminator()


for label, image_data_tensor, target_tensor in mnist_dataset:
    # 真实数据
    D.train(image_data_tensor, torch.FloatTensor([1.0]))
    # 生成数据
    D.train(generate_random(784), torch.FloatTensor([0.0]))
    pass
```

对于每个真实数据样本，我们使用 generate_random（784）生成一幅由随机像素值组成的反例图像。我们训练鉴别器识别这些伪造数据，目标输出为 0.0。

单元格上方的 %%time 指令帮助我们了解训练所需的时间，耗时应在 2 分 30 秒左右。

让我们绘制训练过程中的损失值变化。

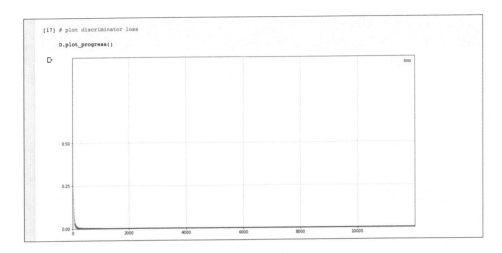

　　如上图所示，损失值下降并一直保持接近 0 的值，这正是我们希望达
到的效果。

　　让我们随机选取一些训练集中的图像以及一些随机噪声图像，分别作
为输入来测试训练后的鉴别器。

```
[18] # manually run discriminator to check it can tell real data from fake

    for i in range(4):
        image_data_tensor = mnist_dataset[random.randint(0,60000)][1]
        print( D.forward( image_data_tensor ).item() )
        pass

    for i in range(4):
        print( D.forward( generate_random(784) ).item() )
        pass

⊡  0.9968416690826416
    0.9824121594429016
    0.9948784112930298
    0.9970876574516296
    0.005318928975611925
    0.0044152457267045975
    0.006996214855462313
    0.005926067009568214
```

　　我们可以看到，输入真实的图像对应较高的输出值，说明鉴别器认为
它们是真实的。同样地，输入随机噪声图像对应的输出值较低。

　　这证明鉴别器有能力从随机噪声图像中识别出真实图像。由于我们在
第 1 章中已经证明了一个非常相似的网络可以将图像分成 10 类，因此这
样的结果并不令人感到意外。

2.3.4 MNIST生成器

现在，让我们看一下更有趣的生成器。

我们需要生成器可以生成跟 MNIST 数据集中图像格式相同的、包含 28×28=784 像素的图像。

首先，我们将鉴别器的神经网络反转。反转后的网络的输出层有 784 个节点，隐含层有 200 个节点，输入层有 1 个节点。下图中并列显示了生成器网络和鉴别器网络。可以清楚地看到，生成器所输出的 784 个像素值正是鉴别器所期待的输入。

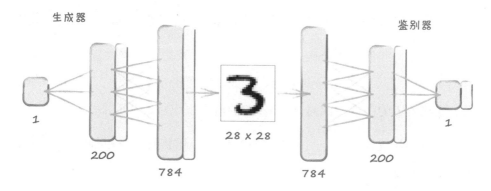

在之前的 1010 GAN 中，训练后的生成器可以生成符合 1010 格式规律的输出。这里，我们不希望每次的输出都相同，而希望它输出不同的、代表训练数据中所有数字的图像。例如，我们希望它生成的图像看起来像 3、7、4、9 等。

让我们思考一下要如何实现这一设想。我们知道，对于给定的输入，一个神经网络的输出是不变的。要知道，对于神经网络，只有训练是部分随机的，为给定的输入计算输出不是随机的。

这就需要我们改变生成器的输入，使它不再使用之前的常数 0.5。我

们在每个训练循环中，将一个随机值输入生成器。我们更新架构图，加入
这个随机种子（random seed）。

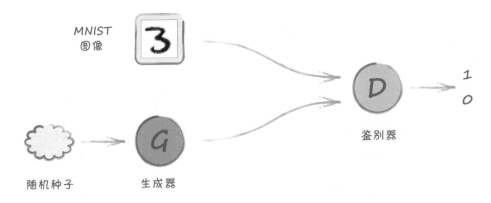

为什么将一个随机种子输入生成器，能帮助生成器生成不同的图像呢？

实际上，我们还不能确定其原因。但是，我们可以寄希望于生成器学
习为不同的输入生成不同的输出。例如，它可能学到，对 0.0 ～ 0.2 的输
入生成代表 3 的图像，或对 0.4 ～ 0.6 的输入生成代表 9 的图像等。

生成器的代码直接复制 1010 GAN 的生成器代码，只对神经网络层的
大小做出改变。

```
self.model = nn.Sequential(
    nn.Linear(1, 200),
    nn.Sigmoid(),
    nn.Linear(200, 784),
    nn.Sigmoid()
)
```

2.3.5　检查生成器输出

在训练 GAN 之前，让我们检查一下生成器的输出格式是否正确。

```
G = Generator()

output = G.forward(generate_random(1))

img = output.detach().numpy().reshape(28,28)

plt.imshow(img, interpolation='none', cmap='Blues')
```

我们创建一个新的生成器对象，并输入一个随机种子，即得到一个输出张量。我们可以通过 output.shape 来确认该张量有 784 个值。

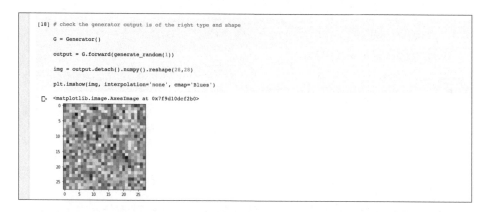

作为一幅图像，我们可以看到它是相当无规律的。这是因为生成器还没有经过训练。此时如果图像中出现任何图案，则意味着某个环节出错了。

2.3.6 训练GAN

让我们开始训练这个 GAN。训练循环与 2.2.6 节所述一模一样，唯一不同的是鉴别器和生成器的输入数据。

```
# 创建鉴别器和生成器


D = Discriminator()

G = Generator()


# 训练鉴别器和生成器
```

```
for label, image_data_tensor, target_tensor in mnist_dataset:

    # 使用真实数据训练鉴别器
    D.train(image_data_tensor, torch.FloatTensor([1.0]))

    # 用生成样本训练鉴别器
    # 使用 detach() 以避免计算生成器 G 中的梯度
    D.train(G.forward(generate_random(1)).detach(), torch.
    FloatTensor([0.0]))

    # 训练生成器
    G.train(D, generate_random(1), torch.FloatTensor([1.0]))


    pass
```

训练需要几分钟。以我训练的情况为例，训练耗时 4 分钟多一点。计数器每隔 10 000 个训练样本打印一次，直到增加到 120 000 为止。这是因为鉴别器训练了 60 000 个 MNIST 图像和 60 000 个生成的图像。

让我们画出鉴别器在训练中的损失值。

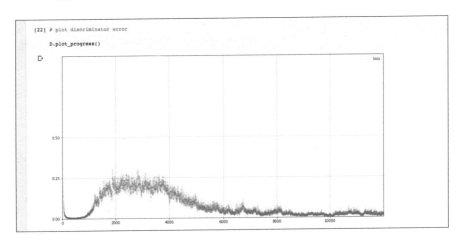

这是一幅有意思的图！损失值先下降到 0，并在一段时间内保持在较低水平，表明鉴别器领先于生成器。接着，损失值上升到略低于 0.25 的位置，这表明鉴别器和生成器旗鼓相当。不过，鉴别器随后再次发力，损失值下降并保持在较低水平。

回顾一下，理想的损失值应该在 0.25 左右，也就是鉴别器和生成器达到平衡。其中，鉴别器无法肯定地从生成的图像中区分真实图像。如果鉴别器的损失值趋近于 0，表明该生成器没能学会骗过鉴别器。

让我们再看看生成器的训练损失图。

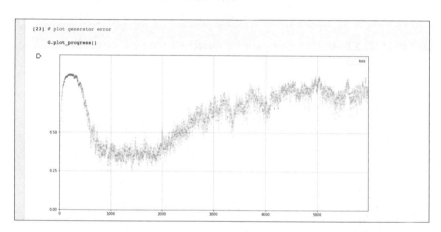

起初，鉴别器能够正确识别生成的图像，这是损失值偏高的原因。接着，生成器和鉴别器达到一些平衡，损失值下降到 0.25 上方并保持一段时间。训练的后半部分，随着鉴别器再次超过生成器，损失值再度升高。

接着，让我们看一下生成器输出的图像。这么做不只是为了有趣，而是为了从中发现有用的信息。

由于不同的随机种子应当生成不同的图像，所以我们绘制多幅输出图像并查看。

```
# 在 3 列 2 行的网格中生成图像
f, axarr = plt.subplots(2,3, figsize=(16,8))
for i in range(2):
    for j in range(3):
        output = G.forward(generate_random(1))
        img = output.detach().numpy().reshape(28,28)
        axarr[i,j].imshow(img, interpolation='none', cmap='Blues')
        pass
    pass
```

这段代码使用 matplotlib 的功能，创建一个包含多幅图像的网格。这里创建的是 3×2 的网格，包含 6 幅生成图像。

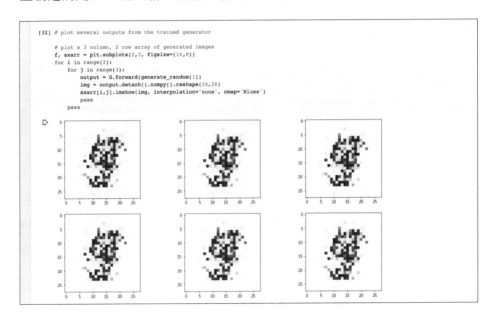

我们首先注意到，生成的图像不是随机噪声，而是有某种形状。图像中间有较暗的区域，与真实的手写数字图像很像，这很好。更妙的是，这些图像看起来确实像某个数字。我觉得图像是 9，不过有读者也可能认为是 5。

即使图中显示的数字并不完美，这仍是一个不错的开端。我们用相对简单的代码实现了一个重要的里程碑。要记住，生成器并没有直接看过MNIST 数据集中的图像，但是它已经学会了创建类似的图像。这些图像不是随机噪声，而是几乎可被识别的手写数字。

让我们暂停休息片刻，庆祝我们第一次完成了用 GAN 生成手写数字图像！

通过以下链接可以获取我们首次尝试用 GAN 生成手写数字图像的代码：

- https://github.com/makeyourownneuralnetwork/gan/blob/master/07_gan_mnist_first_attempt.ipynb

庆祝过后，让我们再看看这些图像。不难发现，这些图像都是相同的。即便它们有所不同，区别也小得让我们无法用肉眼分辨。

2.3.7 模式崩溃

我们刚刚看到的现象，在 GAN 训练中非常常见，我们称它为模式崩溃（mode collapse）[1]。

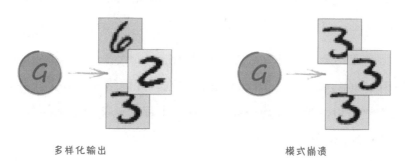

多样化输出   模式崩溃

在 MNIST 的案例中，我们希望生成器能够创建代表所有 10 个数字的图像。当模式崩溃发生时，生成器只能生成 10 个数字中的一个或部分数

---

① 也译为"模式崩塌""模式坍塌"等。——译者注

字，无法达到我们的要求。

发生模式崩溃的原因尚未被完全理解。许多相关的研究正在进行中，我们选取其中一些相对比较成熟的理论进行讨论。

其中一种解释是，在鉴别器学会向生成器提供良好的反馈之前，生成器率先发现一个一直被判定为真实图像的输出。为此，有人提出一些解决方案，比如更频繁地训练鉴别器。但在实践中，这样做往往效果不佳。这就表明，解决问题的关键不仅在于训练的数量，也在于训练的质量。

在我们的例子中，生成器的损失值不断增加（见 2.3.6 节），表明它的学习没有进展。可能的原因是，鉴别器没有很好地为它提供有效的反馈。这再次表明，训练质量是一个挑战。

接下来，我们将试验一些想法，以提高鉴别器对生成器反馈的质量。

2.3.8　改良GAN的训练

在开始改良之前，先备份之前生成手写数字图像的笔记本。

现在，我们试图通过提高 GAN 的训练质量，解决模式崩溃和图像清晰度低的问题。有的方法我们已经在第 1 章改良 MNIST 分类器时用过。

第一个改良是，使用二元交叉熵 BCELoss() 代替损失函数中的均方误差 MSELoss()。我们在 1.3.1 节讨论过，在神经网络执行分类任务时，二元交叉熵更适用。相比于均方误差，它更大程度地奖励正确的分类结果，同时惩罚错误的结果。

```
self.loss_function = nn.BCELoss()
```

我们可以做的下一个改良是，在鉴别器和生成器中使用 LeakyReLU() 激活函数。因为我们所预期的输出值范围为 0 ～ 1，所以我们只会在中间层后使用 LeakyReLU()，最后一层仍保留 S 型激活函数。我们在 1.3.2 节已经讨论过 LeakyReLU() 如何解决梯度消失问题。一般来说，这是一种常用的提高神经网络训练质量的方法。

另一种改良是，将神经网络中的信号进行标准化，以确保它们的均值为 0。同时，标准化也可以有效地限制信号的方差，避免较大值引起的网络饱和。在 1.3.4 节中，我们已经看到 LayerNorm() 如何对训练产生积极的影响。

下面是一个改良后的鉴别器神经网络的代码。

```
self.model = nn.Sequential(
    nn.Linear(784, 200),
    nn.LeakyReLU(0.02),

    nn.LayerNorm(200),

    nn.Linear(200, 1),
    nn.Sigmoid()
)
```

生成器的代码也进行相同的改良。

```
self.model = nn.Sequential(
    nn.Linear(1, 200),
    nn.LeakyReLU(0.02),

    nn.LayerNorm(200),

    nn.Linear(200, 784),
    nn.Sigmoid()
)
```

还有一种我们之前尝试过的改良是使用 Adam 优化器（见 1.3.3 节）。

我们把它同时用于鉴别器和生成器。

```
self.optimiser = torch.optim.Adam(self.parameters(), lr=0.0001)
```

让我们看一下采用以上 4 个改良方案的效果。

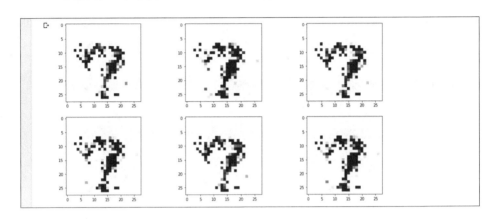

遗憾的是，模式崩溃仍然存在。图像的清晰度有所提高，结构更清晰了，但仍然不是一个清楚的数字。

让我们更深入地思考一下如何进一步改良 GAN。

生成过程的起始点是一个种子值。起初，我们用常数值 0.5。随后，我们把它改为一个随机值，因为我们知道，对于固定的输入，任何神经网络总会输出相同的结果。也许生成器神经网络觉得，把一个单值转换成 784 像素来代表一个数字实在太难了。

我们可以通过提供更多的输入种子来降低这种难度。比如，我们可以尝试 100 个输入节点，每个节点都是一个随机值。让我们在代码中更新生成器的神经网络定义。

```
self.model = nn.Sequential(
    nn.Linear(100, 200),
    nn.LeakyReLU(0.02),
```

```
    nn.LayerNorm(200),

    nn.Linear(200, 784),
    nn.Sigmoid()
)
```

再看一下效果。

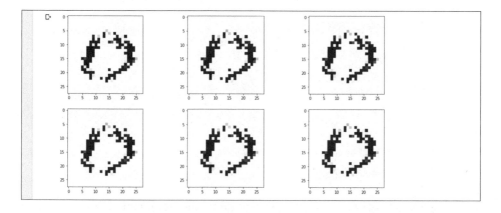

现在图像更清晰了，看起来也更像手写数字了，具体地说有点像 0。遗憾的是，所有生成的图像都是相同的，说明我们还没解决模式崩溃问题。

不要灰心丧气——即便是最顶尖的 GAN 研究者，也同样面临模式崩溃的问题。

如果我们继续思考，不难想到输入生成器的随机种子和输入鉴别器的种子，不应该是一样的。

• 输入鉴别器的随机图像的像素值，需要在 0 ～ 1 的范围内均匀抽取（uniformly chosen）。这个范围对应真实数据集中图像像素的范围。因为目前的测试是将鉴别器的性能与随机判断进行对比，所以这些值应该是均匀抽取的，而不是从有偏差的正态分布中抽取。

• 输入生成器的随机值不需要符合 0 ～ 1 的范围。我们知道，标准化一个网络中的信号有助于训练。标准化后的信号会集中在 0 附近，且方差有限。我们在《Python 神经网络编程》中初始化网络链接权重时具体讨论过。这时，从一个平均值为 0、方差为 1 的正态分布中抽取种子更加合理。

现在，让我们分别创建两个生成随机数据的函数。它们看起来很相似，不过一个使用 torch.rand()，而另一个使用 torch.randn().

```python
def generate_random_image(size):
    random_data = torch.rand(size)
    return random_data


def generate_random_seed(size):
    random_data = torch.randn(size)
    return random_data
```

在输入鉴别器时，我们会使用 generate_random_image（784）；在输入生成器时，我们使用 generate_random_seed（100）。

下面是改良后的 GAN 训练循环。

```python
D = Discriminator()
G = Generator()

# 训练鉴别器和生成器

for label, image_data_tensor, target_tensor in mnist_dataset:

    # 用真实样本训练鉴别器

    D.train(image_data_tensor, torch.FloatTensor([1.0]))
```

```
    # 用生成样本训练生成器
    # 使用 detach() 以避免计算生成器 G 中的梯度
    D.train(G.forward(generate_random_seed(100)).detach(),
    torch.FloatTensor([0.0]))


    # 训练生成器
    G.train(D, generate_random_seed(100), torch.FloatTensor
    ([1.0]))


    pass
```

我们看看效果如何。

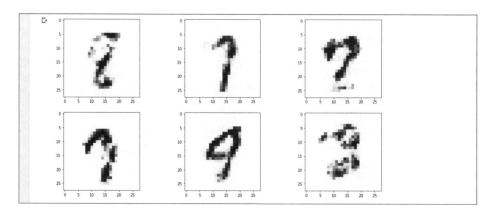

太赞了！看上去我们已经解决了模式崩溃问题。现在，生成器可以生成不同的数字。图中的形状看起来一个像 8，一个像 2，还有一个像 3。也有的比较模糊，其中一个看起来既像 4 又像 9。

让我们回顾一下到目前为止的进展。我们训练了一个生成器，并能用它画出手写数字图像。即便没有直接看到任何真实的图像，生成的图像也几乎与训练数据看起来没有区别。这真的很酷。更酷的是，只需改变随机种子，训练过的生成器就可以生成多种不同的数字。

这是一个了不起的成绩。有时候，要解决模式崩溃可能非常困难。很多时候，甚至根本找不到有效的解决方案。

让我们观察一下损失图，看看它们是否能提供一些信息。因为现在使用了 BCELoss()，所以这些值并不保证在 0 ～ 1 的范围内。我们需要更新鉴别器和生成器的 plot_progress() 函数，删除损失值范围的上限，同时添加更多的水平网格线。

```
def plot_progress(self):
    df = pandas.DataFrame(self.progress, columns=['loss'])
    df.plot(ylim=(0), figsize=(16,8), alpha=0.1, marker='.',
    grid=True, yticks=(0, 0.25, 0.5, 1.0, 5.0))
    pass
```

下图所示为鉴别器的训练损失值。

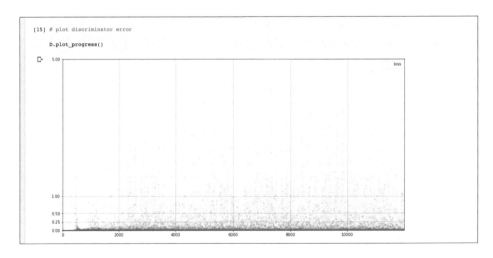

由上图可见，损失值迅速下降到接近于 0，并一直保持在很低的位置。训练期间，损失值偶尔发生跳跃。这说明生成器和鉴别器之间仍然没有取得平衡。

下图中是生成器的训练损失值。

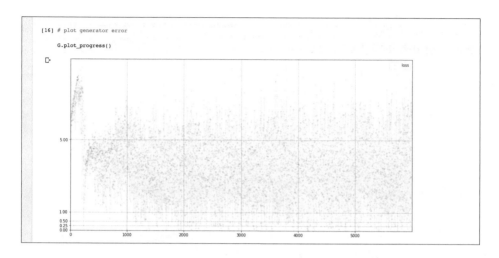

```
[16] # plot generator error

    G.plot_progress()
```

损失值先是上升，表示在训练早期生成器落后于鉴别器。之后，损失值下降并保持在 3 左右。记住，与 MSELoss 不同，BCELoss 没有 1.0 的上限。

这些损失图看起来有些令人失望，因为损失值的范围更广了。不过，它们仍然好于改良之前的损失图。在之前的图中，鉴别器的损失值在下降时没有太大的波动，生成器的损失值在上升时同样非常工整。这些现象看似令人满意，但不断增加的生成器损失值并不是我们希望的。理想的情况应该是，生成器的损失值只在一个有限的平均值附近变化。

一个很好的问题是，如果我们达到了平衡，BCELoss 应该是什么？如果我们运行简单的 1010 GAN 并达到平衡，由于使用 BCELoss，我们会看到生成器和鉴别器的损失值都接近于 0.69。读者可以自己试试。对一个完全不确定的分类器使用二元交叉熵，根据数学定义可以计算出，理想的损失值为 ln 2 或 0.693。更多内容可以在附录 A 中找到。

我们成功地解决了模式崩溃的问题，不过，图像质量还有待改良。我们来看看通过增加训练周期（epoch）来训练更长时间是否有帮助。我们可以很方便地将 GAN 训练循环与周期外部循环结合起来。

以下的图像是训练 4 个周期后，也就是使用所有训练数据 4 次的生成效果。总共耗时大约 30 分钟。

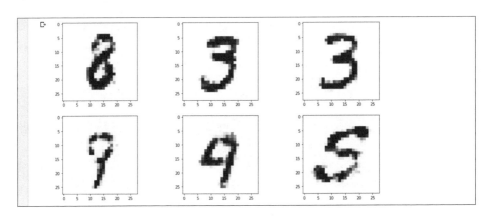

图像看起来好多了。如果读者有时间，可以试试训练 8 个周期，应该需要 1 小时左右。

事实上，还有更多改良方法有待我们继续探索。但是，由于我们已经解决了模式崩溃的问题，也可以从生成器获得高质量的图像，因此这里就先告一段落了。

通过以下链接可以获取改良 GAN 的训练的代码：

- https://github.com/makeyourownneuralnetwork/gan/blob/master/08_gan_mnist.ipynb

读者可能会问，可以解决模式崩溃是不是因为我们在生成器种子中使用了 randn()。如果我们还原之前的代码，在 GAN 架构中只使用最基本的设置，即便我们将种子改为使用 randn()，模式崩溃问题依然不会得到解决。解决问题的是多数或者全部改良的组合作用。例如，仅为大小为 100 的生成器种子使用 randn() 并不能解决模式崩溃问题。读者可以自己试试。

读者可能还希望知道，为什么我们满足于尚未像简单的 1010 GAN 那样达到平衡的生成器和鉴别器，本节的损失图显示，鉴别器的损失值迅速下降到接近于 0，并保持在低位，而生成器的损失值仍然很高。在许多真实的 GAN 场景中，即使没有达到平衡，仍然可以得到一个可以生成高质量图像的生成器。我们的最终目标是生成看起来逼真的图像。如果能改善这种平衡，我们当然也应该尝试。我们将继续绘制损失图，因为损失图可以帮我们了解训练的实际状况。例如，MNIST 损失图告诉我们训练并不是混乱且不稳定的。

2.3.9 种子实验

到目前为止，我们把 GAN 的种子当作一个随机数。经过训练后，种子获得了一些有趣的特性。让我们一起来看一下。

假设有种子 1（seed1）和种子 2（seed2）两个不同的种子。我们可以用它们分别生成图像。现在，假设 seed1 和 seed2 之间有一个中间种子，使用这个种子会生成什么样的图像呢？除此之外，使用在 seed1 和 seed2 之间不同位置上的种子又会生成什么样的图像呢？

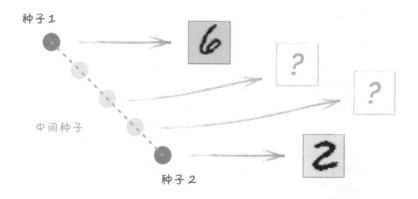

让我们试一试。首先，我们需要一个以 MNIST 数据集训练的 GAN。我们可以继续使用之前的笔记本。

以下代码将一个随机种子赋值给 seed1，以备后用。接着，我们画出生成的图像。

```
seed1 = generate_random_seed(100)

out1 = G.forward(seed1)

img1 = out1.detach().numpy().reshape(28,28)

plt.imshow(img1, interpolation='none', cmap='Blues')
```

接着，使用 seed2 重复上述步骤。

```
seed2 = generate_random_seed(100)

out2 = G.forward(seed2)

img2 = out2.detach().numpy().reshape(28,28)

plt.imshow(img2, interpolation='none', cmap='Blues')
```

并不是每次生成的图像都很清晰。我们需要重复运行上面的代码，直到得到一个较清楚的数字。

以我自己的实验为例，下图是 seed1 生成的图像，看起来像 5。

下图是 seed2 生成的图像，看起来像 3。

接着，让我们通过代码计算 seed1 与 seed2 之间距离相等的 10 个

种子。

```
count = 0

# 在 4 列 3 行的网格中生成图像

f, axarr = plt.subplots(3,4, figsize=(16,8))

for i in range(3):

    for j in range(4):

        seed = seed1 + (seed2 - seed1)/11 * count

        output = G.forward(seed)

        img = output.detach().numpy().reshape(28,28)

        axarr[i,j].imshow(img, interpolation='none', cmap=
        'Blues')

        count = count + 1

        pass

    pass
```

上面的代码看起来可能比较复杂，不过它做的只是在 seed1 和 seed2 之间选择 10 个点，并以它们为种子生成图像。下图展示了包含 seed1 和 seed2 在内的 12 个种子生成的图像。

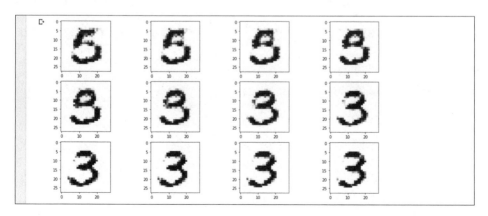

我们可以明显地看出，随着种子从 seed1 到 seed2，图像从 5 平滑地演变成了 3。

让我们再做另外一个实验。如果把种子相加，又会生成什么图像呢？

```
seed3 = seed1 + seed2
out3 = G.forward(seed3)
img3 = out3.detach().numpy().reshape(28,28)
plt.imshow(img3, interpolation='none', cmap='Blues')
```

这段代码很容易理解。一个新的 seed3 由 seed1 与 seed2 相加得到，并输入生成器。

结果图像看起来非常像 8。这是合乎情理的，因为我们把 5 和 3 重叠，应该也差不多是这个样子。这再次表明了种子一个很好的特性，即种子相加也会造成它们生成的图像的叠加。

我们看到了种子相加的效果。让我们再看看把种子相减会发生什么。

```
seed4 = seed1 - seed2
out4 = G.forward(seed4)
img4 = out4.detach().numpy().reshape(28,28)
plt.imshow(img4, interpolation='none', cmap='Blues')
```

seed1 和 seed2 的差被输入生成器。

结果图像看起来既像 5 又像 6。它看起来并不完全合乎逻辑,至少不像从 5 的笔画中减去 3 的笔画。或许种子的特性并没有这么简单。

让我们再试验一个例子。下图中罗列的图像分别由起始种子(seed1 和 seed2)、插入(interpolated)种子、总和种子(seed1+seed2),以及差值种子(seed1−seed2)生成。

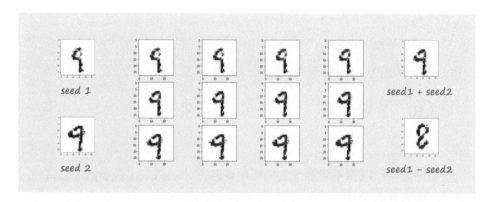

我们看到,两个起始种子都生成了看起来像 9 的图像。在它们之间插入的种子也生成了类似 9 的图像。两个种子的总和种子生成的图像也是 9,这也并不令人意外。令人惊讶的是,差值种子生成的图像却成了 8。好奇怪呀!

以下是另一个例子,两个种子生成了非常相似的图像,看起来像 5,差值种子却生成了一个非常不同的、看起来很像 3 的图像。

seed 1

seed 2

seed1 + seed2

seed1 - seed2

这说明用种子进行计算并不像我们想象中的那么简单。

读者可以自己试试这些实验。是否可以用逻辑来解释当种子相加或相减后生成图像的样子呢？

下面链接中的笔记本包括了种子实验的代码：

- https://github.com/makeyourownneuralnetwork/gan/blob/master/09_gan_mnist_seed_experiments.ipynb

2.3.10　学习重点

- 处理单色图像不需要改变神经网络的设计。将二维像素数组简单地展开或重构成一维列表，即可输入鉴别器的输入层。如何做到这一点并不重要，不过要注意保持一致性。
- 模式崩溃是指一个生成器在有多个可能输出类别的情况下，一直生成单一类别的输出。模式崩溃是GAN训练中最常见的挑战之一，其原因和解决方法尚未被完全理解，因此是一个相当活跃的研究课题。
- 着手设计GAN的一个很好开端是，镜像反映生成器和鉴别器的网络架构。这样做的目的是，尽量使它们之间达到平衡。在训练中，其中一方不会领先另一方太多。

- 实验证据表明，成功训练GAN的关键是质量，而不仅仅是数量。
- 生成器种子之间的平滑插值会生成平滑的插值图像。将种子相加似乎与图像特征的加法组合相对应。不过，种子相减所生成的图像并不遵循任何直观的规律。
- 理论上，一个经过完美训练的GAN的最优MSE损失（均方误差损失）为0.25，最优BCE损失（二元交叉熵损失）为ln 2或0.693。

2.4 生成人脸图像

在本节中，我们将尝试训练 GAN，使它可以生成人脸图像。与生成单色的手写数字图像相比，我们将面临以下两个全新的挑战。

- 使用彩色图像作为训练数据，并学习生成全彩色图像。

- 训练数据集中的图像更加多样化，也包含更多容易使人分心的细节。

2.4.1 彩色图像

在数字图像中，有多种表示颜色的方法。最普遍的一种方法是将色彩描述为红、绿和蓝三种光的混合。我们在图像编辑器中选取颜色时，应该经常用到这种色彩表示方法。所有的数码显示器，比如笔记本电脑或智能手机屏幕，几乎都是由红色、绿色、蓝色的微小像素组成的。

从下图中我们可以看到，红、绿、蓝三色的图层组成了一幅全彩色的美味沙拉图像。

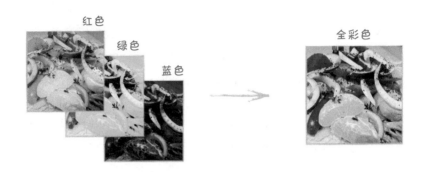

上图对我们很有帮助，它表明我们可以把红、绿、蓝三色信息分别放在相同大小的数组中。我们知道，一幅大小为 28 像素 ×28 像素的单色图像可以用一个 28×28 的数组来表示。同样大小的彩色图像需要用 3 个单独的数组来表示，每个数组的大小都是 28×28。其中一个用于表示红光值，一个用于表示绿光值，另一个用于表示蓝光值。

下图解释了如何用一个三维数组或张量表示一幅全彩色图像。一个维度是图像的高；另一个维度是图像的宽；第 3 个维度是固定值 3，因为这里有 3 个层，分别对应红、绿、蓝三色值。

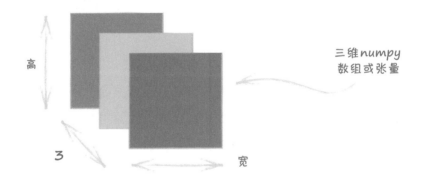

很方便的是，很多 Python 库使用这种数据格式来处理彩色图像，包括 matplotlib 和它提供的 imshow() 函数。

2.4.2　CelebA图像数据集

训练 GAN 的挑战之一是，确保有足够多的训练数据。我们不能指望用几十张或者几百张照片来训练 GAN 生成人脸图像。值得庆幸的是，我们可以使用流行的 CelebA 数据集，其中包含 202 599 幅名人脸部的图像。所有图像都经过对齐和裁剪，使眼睛和嘴巴在图像中的大概位置居中。

我们可以从以下 CelebA 的官方主页了解更多关于这个数据集的信息，并查看样本图像。

• http://mmlab.ie.cuhk.edu.hk/projects/CelebA.html

由于该数据集仅适用于非商业研究以及教育用途，我们在本书中不会直接使用数据集中的图像，而是只展示由 GAN 生成的图像。我们暂且用两张卡通图像来表示 GAN 生成的图像。

2.4.3　分层数据格式

CelebA 数据集包含数万张 JPEG 格式的独立图像文件。我们可以将它们解压到一个文件夹中，然后在训练 GAN 的代码中逐个读取、关闭所有图像文件。这样做虽然没错，但是整体运行速度会很慢。这是因为逐个读取、关闭成千上万个图像文件的效率非常低。如果我们使用 Google Drive，问题就更糟糕了。由于使用云端存储，代码和数据之间的距离更远了。

为了提高读取性能，我们可以将数据打包成另外一种格式，以便更有效地支持这种重复读取。我们将使用一种名为 HDF5 的压缩格式。

分层数据格式（hierarchical data format）是一种成熟、开源的压缩数据格式，专门用于存储非常大量的数据，并实现对数据的高效读取。它被普遍应用于科学计算和工程领域中。

之所以称它为分层数据格式，是因为一个 HDF5 文件可以包含一个或多个组，每个组内又包含一个或多个数据集，甚至包含更多的组。这种管理数据的方式与我们常见的文件夹和文件之间的关系很相似。

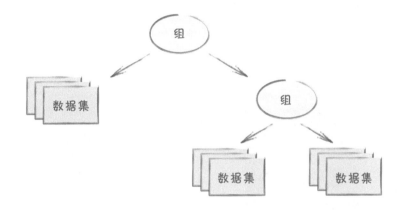

HDF5 格式和用于访问该格式数据的库有许多实用的特性，可以确保读取性能。其中之一就是通过数据压缩减少从较慢的存储器的数据传输量。其二是将数据智能地映射到较快的 RAM（random access memory，随机存储器）内存中，以减少对存储器的请求量。如果没有这些功能，在 Google Drive 中处理成千上万幅图像文件的速度会慢得无法想象。

即使我们使用的是自己的存储设备，而不是 Google Drive，也不妨尝试一下像 HDF5 这样的格式是否能提高机器学习的性能。尤其是那些需要重复访问大量的数据，而数据又无法被全部装进 RAM 的任务。

2.4.4 获取数据

下面的笔记本中的代码包括下载 CelebA 数据集，解压 20 000 幅图像，并把它们打包成 HDF5 文件。由于我们的目的是学习和试验，这里并没有使用全部的 202 599 幅图像。

- https://github.com/makeyourownneuralnetwork/gan/blob/master/10_celeba_download_make_hdf5.ipynb

在运行代码之前，我们需要在 mnist_data 文件夹的同级目录新建一个名为 celeba_data 的文件夹，并需要与笔记本保存在同一文件夹中。在代码中，将 HDF5 的文件路径 hdf5_file 改为读者自己的文件夹名称。读者的文件可能保存在一个名为 gan 的文件夹里。我使用的文件夹名是 myo_gan。

解压 20 000 幅图像应该需要 4 分钟左右。包含这些图像的 HDF5 文件应该被保存到 celeba_dataset 文件夹中，占用的存储空间不超过 2GB。下载的文件只是暂时存储在虚拟机中，当 Colab 虚拟机关闭后，下载的文件也会消失。

2.4.5 查看数据

现在，让我们从 HDF5 文件中读取数据，并查看文件中的名人脸部图像。

创建一个新的笔记本，并在第一个单元格加载 Google Drive。

```
from google.colab import drive
drive.mount('./mount')
```

在下一个单元格里，导入支持 HDF5 文件的库 h5py。同时导入 numpy 和 matplotlib。

```
# import h5py to access data
import h5py

import numpy
import matplotlib.pyplot as plt
```

h5py 使用类似字典（dictionary）的对象，管理组和数据集的分层结构。它允许我们以 Python 的方式访问 HDF5 包。接下来我们具体解释它的意义。

先看下面的代码。

```
with h5py.File('mount/My Drive/Colab Notebooks/myo_gan/
celeba_dataset/celeba_aligned_small.h5py', 'r') as file_object:

  for group in file_object:
    print(group)
    pass
```

h5py 允许我们使用一个文件对象（file_object），以只读方式打开一个 HDF5 文件。这与我们在 Python 中使用 open() 访问文件的方法很类似。接着，我们通过循环访问文件对象，打印出分层结构顶部的组别名称。

```
[ ] # open HDF5 file and list any group

    with h5py.File('mount/My Drive/Colab Notebooks/myo_gan/celeba_dataset/celeba_aligned_small.h5py', 'r') as file_object:

      for group in file_object:
        print(group)
        pass

[→ img_align_celeba
```

看来它只有一个名为 img_align_celeba 的组。我们可以按照访问 Python 字典的方式来访问它，如 file_object['img_align_celeba']。这样一来，我们就有了一个变量 dataset，它包含所有图像数据。

同样，可以使用类似字典的方法读取单幅图像，比如 dataset['7.jpg']。

图像本身仍是 HDF5 格式，不过它可以很方便地转换成 numpy 数组。我们已经学过如何使用 matplotlib 的 imshow() 函数画出 numpy 数组的图形。

```
with h5py.File('mount/My Drive/Colab Notebooks/myo_gan/
celeba_dataset/celeba_aligned_small.h5py', 'r') as file_object:
  dataset = file_object['img_align_celeba']
  image = numpy.array(dataset['7.jpg'])
  plt.imshow(image, interpolation='none')
  pass
```

运行上面的代码，检查从 HDF5 文件中解压的图像是否正确。为了避免使用数据集中的图像，我们在本书中以卡通图像代替。

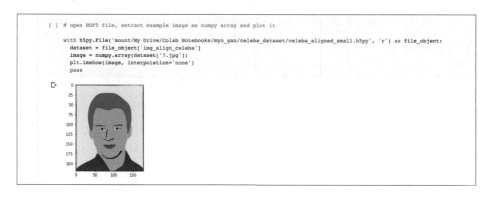

我们看到的应该是全彩色图像。让我们检查一下 numpy 数组 image 的大小，看它是否包含所有颜色的信息。

```
[ ] #shape of the image array

    image.shape

[➤  (218, 178, 3)
```

正如所料，它的高是 218 像素，宽是 178 像素，且有 3 层，分别代表红、绿、蓝三色值。

图像的文件名为 0.jpg、1.jpg、2.jpg……以此类推，一直到 19999.jpg。

为了了解数据集的多样性，我们可以多查看几幅图像。数据集中的人脸图像有不同的发型、肤色、服饰以及姿态等。我们也看到，有些图像的角度异常，或图像中包括可能造成干扰的细节，这些都使机器学习任务变得更具有挑战性。

以上代码可以从以下链接中获取。

- https://github.com/makeyourownneuralnetwork/gan/blob/master/11_celeba_data.ipynb

2.4.6　数据集类

在使用 CelebA 数据集之前，我们需要改变之前用于 MNIST 图像数据集的 Dataset 类。

我们已经知道如何打开一个 HDF5 文件并从中读取图像，因此只需要进行很简单的改动。让我们看看下面的 CelebADataset 类。

```python
class CelebADataset(Dataset):

    def __init__(self, file):
        self.file_object = h5py.File(file, 'r')
        self.dataset = self.file_object['img_align_celeba']
        pass

    def __len__(self):
        return len(self.dataset)

    def __getitem__(self, index):
        if (index >= len(self.dataset)):
```

```
        raise IndexError()
      img = numpy.array(self.dataset[str(index)+'.jpg'])
      return torch.FloatTensor(img) / 255.0


    def plot_image(self, index):
      plt.imshow(numpy.array(self.dataset[str(index)+'.jpg']),
      interpolation='nearest')
      pass


    pass
```

构造函数 __init__() 打开 HDF5 文件，并打开名为 img_align_celeba 的组别，以便逐个读取图像。__len__() 方法很容易，通过 len() 函数可以很方便地获取一个 HDF5 组别中样本的数量。

__getitem__() 方法通过将索引 index 转换成图像文件名来检索图像数据。numpy 数组的所有值被除以 255.0，结果的范围为 0 ～ 1。

__getitem__() 中的代码检查索引 index 是否大于或等于数据集的大小，并抛出（raise）一个 IndexError 异常（exception）。在之前的例子中，我们不需要这样做。这是因为，如果我们试图访问一个索引超出边界的数组或 DataFrame，无论如何都会抛出一个 IndexError 异常。由于我们访问的是 HDF5 数据集，超出边界的访问会造成一个错误，但不会是 PyTorch 所预期的 IndexError 异常。

我们推荐用可视化方法检查数据。这里，我们使用 plot_image() 函数。该函数与 MNIST 数据中的画图函数相似，不过代码更简单，因为我们不需要将数据变形，在这里它的形状已经是（218, 178, 3）。

这里需要的数据集 Dataset 类一点也不难，甚至比 MNIST 类更简单。

让我们通过创建一个数据集对象并用索引查看图像，测试一下数据集类。

```
# 创建数据集对象
celeba_dataset = CelebADataset('mount/My Drive/Colab Notebooks/
myo_gan/celeba_dataset/celeba_aligned_small.h5py')
```

```
# 检查数据集中的图像
celeba_dataset.plot_image(43)
```

试试不同的索引，看能否得到不同的图像。记住索引的范围是 0 ～ 19 999。

2.4.7　鉴别器

鉴别器需要读取一幅图像，并试图将它分类为真实图像或生成图像。该功能与 MNIST 鉴别器相同，所以我们可以复制 MNIST 鉴别器的代码并重复使用。

MNIST 图像与 CelebA 图像的区别在于它们的大小和色彩深度。大小的不同，意味着我们需要改变鉴别器神经网络的输入层节点数。MNIST 图像是 28 像素 ×28 像素，所以我们有 28×28=784 个输入节点。CelebA 图像大小是 218 像素 ×178 像素，输入节点数也可以通过计算得出。

但是，不要忘了每个彩色像素都包含 3 个值，分别代表红、绿、蓝光。这意味着，每个图像总共由218×178×3个值组成。因为不希望遗漏任何有价值的信息，我们需要将这些值全部输入鉴别器。这也意味着鉴别器需要218×178×3=116 412个输入节点。

一个值得讨论的问题是，我们应该如何排列这116 412个值。在使用MNIST分类器和鉴别器时，我们直接按照在数据集中出现的顺序将像素值输入网络。它们的顺序与图像中的像素一致，沿着每一行从左向右。当到达每一行的右端时，绕到下一行继续。只要排列方式保持一致，排列的顺序实际上并不重要。由于神经网络层是全连接的，因此一层中的每一个节点都与下一层中的每一个节点相通。这意味着一个像素值出现在输入张量中的任何位置都没有区别。

我们可以对彩色图像进行同样的处理。我们可以把大小为218×178×3的图像张量展开或重塑，变成一个长度为116 412的一维张量，然后将该张量输入一个全连接的神经网络。其实，如何展开或重塑并不重要，只要我们保证每次输入鉴别器时以同样的方式处理即可。

代码如下。

```
self.model = nn.Sequential(
    View(218*178*3),

    nn.Linear(3*218*178, 100),
    nn.LeakyReLU(),

    nn.LayerNorm(100),

    nn.Linear(100, 1),
    nn.Sigmoid()
)
```

我们对以上大部分的代码并不陌生。其中，有一个线性层，以全部 3*218*178 个输入节点为输入，连接一个只有 100 个节点的中间层。在连接到下一个线性层之前，我们使用 LeakyReLU 激活函数和一个层标准化。接着，一个线性层将 100 个节点连接到一个输出节点。最后，在输出结果上应用 S 型激活函数。

一开始的 View（218*178*3）是新代码。它的作用是将大小为（218, 178, 3）的三维图像张量重塑成一个长度为 218×178×3 的一维张量。

通过使用 View，我们可以方便地重塑 Sequential 列表中的张量。PyTorch 还没有提供实现这一功能的模块。我们可以使用下面的自定义类，它被分享在 PyTorch 的 github 问题讨论区。值得注意的是，它继承了 nn.Module 类。因此，它可以像其他在 Sequential 列表中使用的模块一样工作。

```
# 代码参考自 https://github.com/pytorch/vision/issues/720


class View(nn.Module):
    def __init__(self, shape):
        super().__init__()
        self.shape = shape,


    def forward(self, x):
        return x.view(*self.shape)
```

我们需要在笔记本的开始部分创建一个单元格，并加入以上代码。其他辅助函数，如随机种子和图像生成器等，也可以放在一起。

2.4.8　测试鉴别器

让我们测试一下鉴别器，以确定它至少可以将真实数据和随机生成的像素值区分开。

```
%%time
# 测试鉴别器可以从随机噪声中区分真实数据


D = Discriminator()


for image_data_tensor in celeba_dataset:
    # 真实数据
    D.train(image_data_tensor, torch.FloatTensor([1.0]))
    # 生成数据
    D.train(generate_random_image((218,178,3)),
    torch. FloatTensor([0.0]))
    pass
```

相比于生成 MNIST 数字，这段代码更简单。这是因为我们不需要考虑标签和目标值。

从鉴别器的损失图看，网络的确可以学会从随机生成的图像中识别出真实的图像。

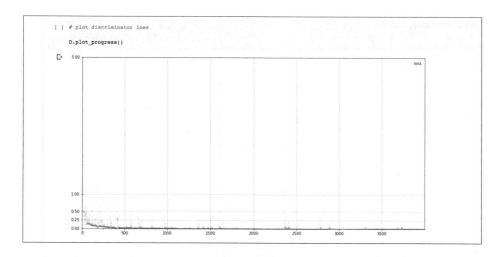

运行这个实验需要较长时间。以我的笔记本为例,访问 20 000 幅图像总共需要 1 小时 19 分钟。MNIST 数据集有 60 000 幅图像,全部访问只需要 4 分钟。之所以有如此大的差别,是因为 CelebA 图像包括 116 412 像素,要比 MNIST 图像的 784 像素大得多。具体来说,两者间的差距约为 150 倍。

下面,我们通过修改代码来支持 GPU 加速。

2.4.9　GPU加速

在第 1 章中,我们已经学习了如何将张量存入 GPU 并进行计算。现在,我们将修改代码,以便充分利用 GPU 进行加速计算。

首先,我们需要改变运行环境类型,命令 Colab 虚拟机加载一个 GPU。从笔记本上方的选项菜单中,点击"Runtime"(运行环境),选择"Change runtime type"(更改运行环境类型),再选择 GPU。虚拟机将重启,需要我们重新再运行一次所有代码。

在加载 Google Drive 并导入库之后,创建一个新的单元格并测试 CUDA 是否可用。如果 CUDA 可用,则将默认的浮点张量类型设为 torch. cuda.FloatTensor。

```
▾ Standard CUDA Check And Set Up

[ ] # check if CUDA is available
    # if yes, set default tensor type to cuda

    if torch.cuda.is_available():
      torch.set_default_tensor_type(torch.cuda.FloatTensor)
      print("using cuda:", torch.cuda.get_device_name(0))
      pass

    device = torch.device("cuda" if torch.cuda.is_available() else "cpu")

    device

↳  using cuda: Tesla T4
   device(type='cuda')
```

看来这次我很幸运地得到了一块 Tesla T4 GPU。

其次,我们需要修改 CelebADataset 类,使 __getitem__() 函数返回一

个 CUDA 张量。只有返回指令需要修改。

```
return torch.cuda.FloatTensor(img) / 255.0
```

我们不需要修改 generate_random_image() 函数和 generate_random_seed() 函数，因为现在默认的浮点类型应该是 CUDA 张量。让我们确认一下。

```
[22] x = generate_random_image(2)
     print(x.device)

     y = generate_random_seed(2)
     print(y.device)

 ⤷  cuda:0
     cuda:0
```

鉴别器 Discriminator 类同样不需要任何改动。但是，我们需要对测试鉴别器的训练循环进行一些小改动。

```
D = Discriminator()
# 将模型转存至 CUDA 设备
D.to(device)


for image_data_tensor in celeba_dataset:
    # 真实数据
    D.train(image_data_tensor, torch.cuda.FloatTensor([1.0]))
    # 生成数据
    D.train(generate_random_image((218,178,3)), torch.cuda.
    FloatTensor([0.0]))
    pass
```

第一处改动是，包含神经网络的鉴别器对象 D 现在被存入 GPU。这一点很重要，因为我们需要在 GPU 上训练神经网络。另一处改动是，使用 torch.cuda.FloatTensor 作为目标值。

如果我们再次运行鉴别器测试，速度应该会快很多。我的实验只用了3 分 48 秒。整整加速了 20 倍！

```
counter =  37000
counter =  38000
counter =  39000
counter =  40000
CPU times: user 2min 58s, sys: 45 s, total: 3min 43s
Wall time: 3min 48s
```

这再次印证 GPU 使神经网络应用变得更实际了。

损失依然下降至接近 0。使用 GPU 不应该对神经网络的计算结果造成任何影响。

2.4.10　生成器

我们需要对生成器进行同样的改动，因为现在我们需要生成的图像不仅更大，而且是彩色的。这意味着输出需要是一个三维张量，大小为（218,178,3）。

看一下改动后的生成器神经网络代码。

```
self.model = nn.Sequential(
    nn.Linear(100, 3*10*10),
    nn.LeakyReLU(),

    nn.LayerNorm(3*10*10),

    nn.Linear(3*10*10, 3*218*178),

    nn.Sigmoid(),
    View((218,178,3))
)
```

输入与之前一样，是一个大小为 100 的种子。输入先与一个包含 3*10*10 = 300 个节点的中间层完全连接。中间层再与包含 3*218*178 个节点的输出层完全连接。最后，我们将长度为 3*218*178 的一维张量重塑成大小为（218, 178, 3）的三维张量，与彩色图像的大小相同。

2.4.11　检查生成器输出

在开始训练之前，我们最好检查一下生成器的输出大小，并确保运行没有错误。

```
G = Generator()
# 将模型转存至 CUDA 设备
G.to(device)


output = G.forward(generate_random_seed(100))
img = output.detach().cpu().numpy()
plt.imshow(img, interpolation='none', cmap='Blues')
```

我们对这段代码应该不陌生。我们先创建一个新的生成器对象并将它存入 GPU。接着，我们以随机种子作为生成器输入，计算一个输出。在显示输出图像之前，我们需要用 detach() 将它与 PyTorch 的计算图分离，存回 CPU 并转换成 numpy 数组。

由上图可见，输出的大小是正确的，也包含随机颜色。如果图像只有单一颜色或包含特定图案，说明某一部分代码出现错误，需要修改。一个未经训练的生成器应该生成随机数据。

2.4.12 训练GAN

终于可以开始训练 GAN 了。训练循环总体上与之前一样，只是现在我们将鉴别器和生成器存入 GPU，并使用 torch.cuda.FloatTensor 作为目标值。

```
%%time

# 创建鉴别器和生成器

D = Discriminator()
D.to(device)
G = Generator()
G.to(device)


epochs = 1

for epoch in range(epochs):
  print ("epoch = ", epoch + 1)


  # 训练鉴别器和生成器


  for image_data_tensor in celeba_dataset:
    # 用真实样本训练鉴别器

    D.train(image_data_tensor, torch.cuda.FloatTensor([1.0]))


    # 用生成样本训练鉴别器
    # 使用 detach() 以避免计算生成器 G 中的梯度

    D.train(G.forward(generate_random_seed(100)).detach(), torch.
```

```
    cuda.FloatTensor([0.0]))

    # 训练生成器
    G.train(D, generate_random_seed(100), torch.cuda.
    FloatTensor([1.0]))


    pass


    pass
```

代码不需要进行太多修改，这说明我们之前编写的代码的可重用性很高。运行训练循环一个周期需要差不多 10 分钟。不用 GPU 加速则可能需要花上 3 小时！

让我们看一下损失图。鉴别器损失值如下图所示。

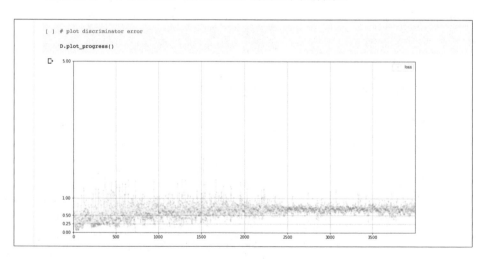

看起来训练效果不错，并没有出现不稳定和混乱的情况。大致上，损失值收敛于一个不太大的值。

我们再看一下生成器损失值。

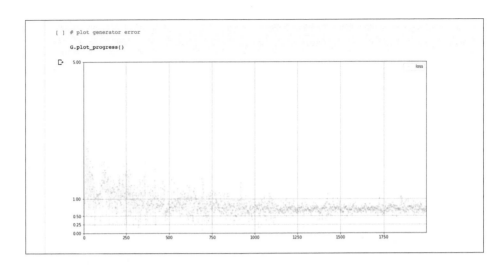

损失图看起来也不错，训练相当平稳。损失值收敛于与鉴别器损失值相近的值。

实际上，两个损失值都很接近理想的二元交叉熵损失 $\ln 2 = 0.693$，正如附录 A 所述。

这是一个非常好的结果。

让我们查看生成器在训练后生成的一些图像。以下代码在 3×2 的网格中生成 6 幅图像，分别由生成器输出。

```python
# 在 3 列 2 行的网格中生成图像
f, axarr = plt.subplots(2,3, figsize=(16,8))
for i in range(2):
    for j in range(3):
        output = G.forward(generate_random_seed(100))
        img = output.detach().cpu().numpy()
        axarr[i,j].imshow(img, interpolation='none', cmap='Blues')
        pass
    pass
```

把多幅生成的图像放在一起显示，是为了检查生成图像的多样性。下图是上面的代码运行两次的结果，所以一共有 12 幅图像。

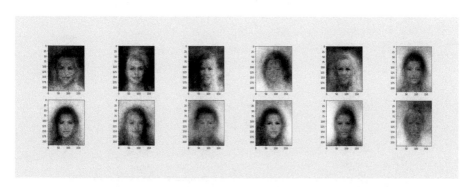

赞！我们能看到人脸了。不仅如此，这些图像还相当多样化。生成器已经学会了制作出不同发型、不同脸型甚至不同姿势的人像。尽管有些图像的质量还不尽如人意，但仅用非常简单的代码就能得到这种程度的效果，还是很令人惊讶的。

让我们再训练 6 个周期，看看能否提高生成图像质量。对我来说，运行 6 个周期需要 58 分钟。下图显示的是鉴别器损失值。

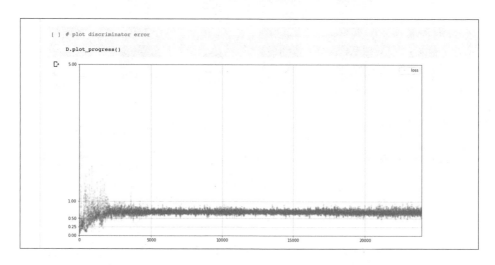

损失值在理论最优值附近保持稳定。这是一个很好的现象，说明训练

没有变得不稳定。让我们再看看生成器损失值。

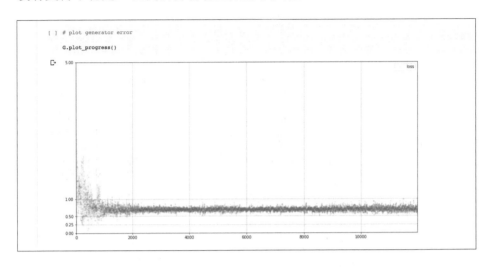

同样地，损失值在最优值 ln 2 = 0.693 附近保持稳定。

额外训练这 6 个周期后，让我们再看看 12 幅图像的效果。

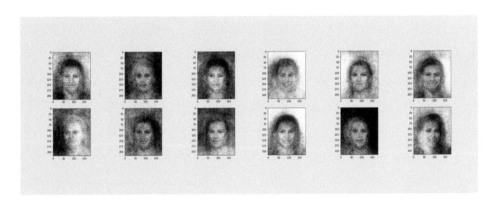

图像的质量有了一些提高。面部特征和细节更加明显了，奇怪的绿脸或蓝脸也不多见了。同时，我们开始看到有明显男性或女性特征的人脸。值得注意的是，发型也是多样化的。

读者可以自己尝试一下使用大一些的神经网络、不同的优化方法以及不同的损失函数，看看能不能进一步提高图像质量。

读者应该慰劳一下自己。我们只用了很少量的代码即完成了非常多的工作。我们成功地训练了一个神经网络来生成看起来各不相同的人脸图像。这可不是一件容易的事。

看着这些多样化的人脸图像，我们可以思考一个问题——生成器究竟学到了什么？我们已经说过，生成器不是从训练数据中记忆整张脸或者眼睛、鼻子等较小的特征。生成器学习的是，创建与训练数据中的图像具有相似特征的图像。读者可以在附录 B 中了解更多关于这方面的内容。

以下链接中包含我们刚刚使用的代码。

- https://github.com/makeyourownneuralnetwork/gan/blob/master/12_gan_celeba.ipynb

2.4.13　学习要点

- 颜色可以用红、绿、蓝三种色光表示。因此，彩色图像常被表示为3层像素值的数组，每层对应三原色之一，且大小为（长，宽，3）。
- 在处理由多个文件组成的数据集时，逐个读取和关闭每个文件的方法效率很低，特别是在虚拟环境中。一种推荐的做法是，将数据重新包装成一种为方便频繁、随机访问大量数据而设计的格式。成熟的HDF格式是科学计算中常见的格式。
- 一个GAN不会记忆训练数据中的样本，也不会复制和粘贴训练样本中的元素。它学习的是训练数据中特征的概率分布，并生成与训练数据看似来自同一分布的数据。

第3章 卷积GAN和条件式 GAN

在本章中，我们对 GAN 的核心概念加以扩展，并应用卷积神经网络。我们也将创建一个条件式 GAN，用于生成指定类型的数据。

3.1 卷积 GAN

在本节中，我们将从以下两个角度出发，改良之前创建的 CelebA GAN。

- 生成的图像看起来仍然比较模糊。有些我们希望色彩相当平滑的区域被高对比度的像素图案覆盖。

- 全连接的神经网络消耗大量内存。即便是中等大小的图像或网络，也会很快使 GPU 达到极限，以至于训练无法继续。大多数消费级 GPU 的内存要比谷歌 Colab 提供的 Tesla T4 或 P100 小得多。

3.1.1 内存消耗

在探索新的 GAN 技术之前，我们先来看看之前创建的 GAN 消耗了多少内存。如果我们再次运行整个笔记本，鉴别器网络和生成器网络都会消耗内存。更准确地说，输入数据、网络中间层的结果、输出数据以及可学习参数，都是会占用 GPU 内存的张量。

我们可以通过以下代码查看当前所分配的内存大小。

```
# 当前分配给张量的内存大小
torch.cuda.memory_allocated(device) / (1024*1024*1024)
```

结果除以 1 024*1 024*1 024，目的是将字节（byte）单位转换为吉字节（gigabyte，GB）。

```
[ ] # current memory allocated to tensors
    torch.cuda.memory_allocated(device) / (1024*1024*1024)

[→ 0.6999893188476562
```

可以看到，运行笔记本中所有代码后，GPU 分配了大约 0.70 GB 的内存给张量。这主要是因为鉴别器对象和生成器对象仍然存在，随时可以再次调用。

不过，这个数字并不能说明全部情况。在运行 GAN 代码后，有些内存会被释放出来。通过以下代码，我们可以知道运行过程中张量消耗的内存峰值是多少。

```
# 运行中分配给张量的内存总量 (GB)
torch.cuda.max_memory_allocated(device) / (1024*1024*1024)
```

该峰值应该比之前的结果大。

```
[ ] # total memory allocated to tensors during program
    torch.cuda.max_memory_allocated(device) / (1024*1024*1024)

[→ 1.093554973602295
```

我们看到，在代码运行过程中，张量消耗的内存峰值约为 1.09GB。

通过以下代码，我们可以了解更多关于内存消耗的统计数字。

```
# 内存消耗汇总
print(torch.cuda.memory_summary(device, abbreviated=True))
```

在汇总的信息中，有我们刚刚看到的当前和峰值内存消耗。

```
[ ] print(torch.cuda.memory_summary(device, abbreviated=True))

⊡  |===========================================================================|
   |                  PyTorch CUDA memory summary, device ID 0                 |
   |---------------------------------------------------------------------------|
   |            CUDA OOMs: 0            |        cudaMalloc retries: 0          |
   |===========================================================================|
   |        Metric         | Cur Usage  | Peak Usage | Tot Alloc  | Tot Freed  |
   |---------------------------------------------------------------------------|
   | Allocated memory      | 733992 KB  |  1119 MB   |  14018 GB  |  14017 GB  |
   |---------------------------------------------------------------------------|
   | Active memory         | 733992 KB  |  1119 MB   |  14018 GB  |  14017 GB  |
   |---------------------------------------------------------------------------|
   | GPU reserved memory   |  1220 MB   |  1220 MB   |  1220 MB   |    0 B     |
   |---------------------------------------------------------------------------|
   | Non-releasable memory |  9432 KB   | 12114 KB   | 320157 MB  | 320148 MB  |
   |---------------------------------------------------------------------------|
   | Allocations           |    56      |    85      |  2780 K    |  2780 K    |
   |---------------------------------------------------------------------------|
   | Active allocs         |    56      |    85      |  2780 K    |  2780 K    |
   |---------------------------------------------------------------------------|
   | GPU reserved segments |    16      |    16      |    16      |     0      |
   |---------------------------------------------------------------------------|
   | Non-releasable allocs |    14      |    14      |  1260 K    |  1260 K    |
   |===========================================================================|
```

在上表中的已分配内存（Allocated memory）行，当前消耗（Cur Usage）为 733 992 KB，与我们之前计算的 0.70GB 一致；峰值消耗（Peak Usage）为 1 119 MB，与 1.09 GB 一致。

这些数字是很好的基准，能够帮助我们评估某种改良方法是否可以有效减少内存消耗。

3.1.2 局部化的图像特征

机器学习的黄金法则之一是，最大限度地利用任何与当前问题相关的知识。这些领域知识（domain knowledge）可以帮助我们排除不成立的选项，从而简化问题空间。这样一来，可学习参数的组合变少了，机器学习相对更容易了。

如果对图像进行进一步的思考，我们会发现，大多数有意义的特征（feature）是局部化（localised）的。例如，表示眼睛或鼻子的像素靠得很近。利用这些信息，我们可以将图像分类为人脸。我们应该设计一个神经网络，利用相邻像素群的局部特征进行分类。

在之前的 MNIST 分类器和 CelebA 分类器中，我们没有这样做，而是把图像的所有像素一起考虑。这么做也没有错。这些网络可以学习正确的链接权重，并挑选正确的特征来帮助图像分类。唯一的区别在于，利用所有像素学习的难度更大些。

3.1.3 卷积过滤器

让我们以一个 6 像素 × 6 像素的简单笑脸图像为例。

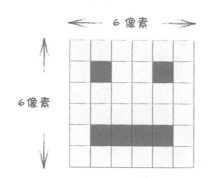

假设有一个放大镜，如果我们用它对准任何图像，它只能看到图像中一个 4 像素 × 4 像素的区域。如果用这个放大镜在上图中移动，它只能看到一只眼睛，或者看到嘴巴的一部分。这个放大镜就体现了我们所说的局部性（locality）。

假设我们在图像上移动放大镜，并计算在 4 像素 × 4 像素的区域内有多少个深色像素，我们就可以创建一个新的、汇总局部信息的网格。下图直观地解释了这个过程。

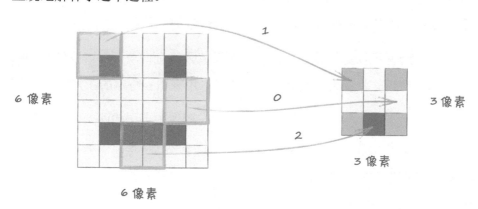

上图中右边较小的网格大小是 3 像素 × 3 像素，汇总了放大镜在图像的每个区域的发现。我们可以看到，它在图像的左上方和右上方各发现了一只眼睛。同时，它也发现了底部的暗像素区域，底部中间格像素最暗。此外，中间行的左、中、右都没有暗像素。

我们可以看出，这个汇总网格对于脸部图像的分类是有帮助的。下图显示了使用这种方法对一张稍有不同的哭脸图像进行分类的过程。

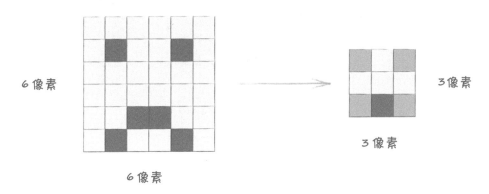

我们发现，对于上面两幅不同的脸部图像，汇总后的网络是一样的。这个过程看起来相当实用，因为它可以识别局部特征，而不受图像之间微小区别的影响。

我们将这种在图像上移动并汇总新的网格的过程称为卷积（convolution）。该词汇来自一个数学过程，用于计算两个函数或信号形状的相似度。这里我们要计算的是放大镜的图案与它所覆盖区域的相似度。

这个过程可以更加复杂。比如，如果放大镜有偏差，对一些像素的赋值较高，对另一些像素的赋值较低，就可以用来识别特定的图案。

例如，下图中的放大镜的作用是只考虑图像中上面的两个像素，同时忽略下面的两个像素。它通过将顶部像素值乘以 1、底部像素值乘以 0 来实现这个效果。这样一来，它就能在图像中识别出水平线了。

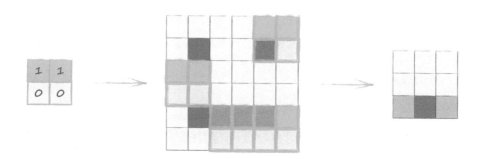

在所得到的汇总网格中，只有底部中间的像素值较高。这对应了图像中确实存在的一条深色水平线。

该放大镜的标准名称是卷积核（convolution kernel）。下图显示将两个稍有不同的卷积核应用在同一幅图像上。这两个卷积核的偏差在不同的对角线方向。

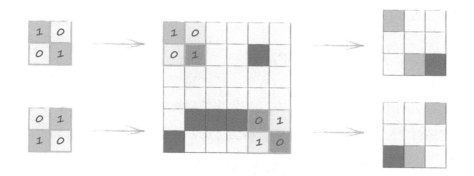

我们看到，卷积核可以识别出图像中具有相应对角线特征的区域。

更多关于卷积的例子，可以在附录 C 中找到。

3.1.4 学习卷积核权重

一个值得思考的问题是，当我们试图训练一个分类器时，这些卷积核有什么作用？我们已经看到，不同的卷积核可以从同一幅图像中识别出不同的图案，这些信息对图像分类很有帮助。例如，底部中间的水平深色特征，加上左上角和右上角附近的深色特征，就表明这是一张人脸图像。

我们可以选择不同的卷积核，然后学习每个卷积核的重要性，有点像从图像到卷积核的链接权重。

一种更好的方案是，不用提前设计卷积核，而是通过学习获得卷积核中的最佳赋值或权重。这正是包括 PyTorch 在内的许多机器学习框架所采取的方法。

基本上，我们只需要决定使用几个卷积核，比如 20 个。在训练过程中，我们会对每个卷积核内部的权重进行调整。如果训练成功，最终得到的卷积核会从图像中挑出最有代表性的细节。神经网络的其余部分将结合这些信息对图像进行分类。不是所有的卷积核都会有用，较低的链接权重会降低这些卷积核的影响。

3.1.5 特征的层次结构

我们刚才讲了一层卷积核如何识别出低层次特征（如边缘或斑点），并将这些信息汇总在网格中。这些网格的正式名称是特征图（feature map）。

如果将另一层卷积核应用到这些特征图上，我们可以得到中层次的特征。这些特征是低层次特征的组合。比如说，斑点和边缘的正确组合可能是一只眼睛或一个鼻子。

我们可以再应用一层卷积核，得到更高层次的特征。这些特征是中层次特征的组合。眼睛和鼻子特征的正确组合，加上方向，很可能代表一张人脸。

下图中，具有层次结构的卷积层可以发现低层次、中层次和高层次特征。其中，卷积核和特征图的内容只用于说明。

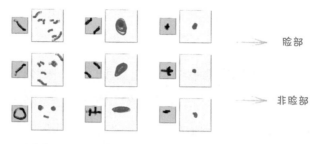

关于大脑如何理解眼睛所看到的东西，在科学界仍有很大争议。不过，很多人认为它的原理与这种层次分析类似。

无论如何，这种从相邻像素图案构建中层次特征，再从中构建高层次内容的方法，可以提高图像分类的效率。事实上，卷积神经网络，即CNN，长期以来一直是图像分类领域的前沿技术。

CNN 的关键在于，网络可以自己学习卷积核的具体值。换句话说，我们让网络自己找到最有用的低层次、中层次和高层次图像特征。

3.1.6 MNIST CNN

为了加深理解，我们先构建一个使用卷积神经网络的 MNIST 分类器。

我们可以从以下链接复制在第 1 章使用的 MNIST 分类器代码。

- https://github.com/makeyourownneuralnetwork/gan/blob/master/04_mnist_classifier_refinements.ipynb

我们只需要修改分类器神经网络的定义。其余的代码，如加载数据、查看图像、训练网络和检查分类性能等部分，不需要太多改变。

上面这个全连接神经网络的输入层有 784 个节点，与中间层的 200

个节点完全连接。中间层再与输出层的 10 个节点完全连接。中间层使用 LeakyReLU 激活函数，再应用标准化。在输出层，我们只用一个 S 型激活函数。该网络在 MNIST 测试数据集可达到 97% 的准确率。

现在，我们需要思考如何用卷积过滤器来替代现有模型。要解决的第一个问题是，卷积过滤器需要在二维图像上工作，而现在输入网络的是一个简单的一维像素值列表。一个简单而快捷的解决方案是，将 image_data_tensor 变形为（28，28）。

实际上，我们要使用四维张量，因为 PyTorch 的卷积过滤器的输入张量有 4 个元素（批处理大小、通道、高度、宽度）。我们使用的批处理大小为 1，而 MNIST 图像是单色的，只有 1 个通道，所以我们的 MNIST 数据需要被塑造为（1，1，28，28）的形式。我们可以使用 View() 函数很容易地实现这一步。

我们看看以下的卷积神经网络代码。

```
self.model = nn.Sequential(
    # 将 1 个过滤器扩展到 10 个
    nn.Conv2d(1, 10, kernel_size=5, stride=2),
    nn.LeakyReLU(0.02),
    nn.BatchNorm2d(10),

    # 10 个过滤器到 10 个过滤器
    nn.Conv2d(10, 10, kernel_size=3, stride=2),
    nn.LeakyReLU(0.02),
    nn.BatchNorm2d(10),

    View(250),
    nn.Linear(250, 10),
    nn.Sigmoid()
)
```

该神经网络的第 1 个元素是卷积层 nn.Conv2d。其中，第 1 个参数是输入通道数，对于单色图像是 1；第 2 个参数是输出通道的数量。在上面的代码中，我们创建了 10 个卷积核，从而生成 10 个特征图。

第 3 个参数 kernel_size 是卷积核的大小。在 3.1.3 节的讨论中，我们使用了一个 2×2 的正方形卷积核。在本节中，我们将卷积核设置为 5×5 的正方形。

最后一个参数 stride 设置了卷积核沿图像移动时的步长大小。在上面的讨论中，我们让 2×2 的卷积核以 2 像素的步长移动。这里我们同样将步长设置为 2。

下图中，通过分别展示步长等于 2 和等于 1 的例子，解释步长的工作原理。注意，在步长为 1 的情况下，卷积核所覆盖的区域有重叠。这并没有问题。

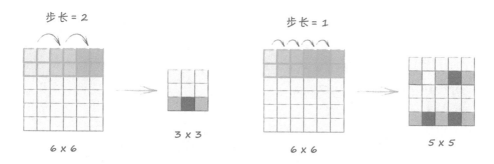

一个 MNIST 图像的大小为 28 像素 × 28 像素，一个卷积核的大小为 5×5，步长为 2，输出的特征图的大小为 12 像素 × 12 像素。

与之前一样，对于每一层的输出，我们仍需要一个非线性激活函数。我们可以继续使用 LeakyReLU（0.02），之前使用它的效果很好。

接着，我们对这些特征图进行标准化处理。在这里，我们没有使用 LayerNorm()，而是使用 BatchNorm2d() 对图层中的每个通道进行标准化。

接下来的代码也类似。另一个卷积层加上标准化和非线性激活函数。这次，我们对前一层输出的 10 个特征图分别应用一个卷积核，从而得到 10 个新的特征图。这里，卷积核比之前的小，长宽均为 3 个像素。同样在步长为 2 的情况下，我们得到的输出特征图大小为 5×5。

网络的最后一个部分包括 10 个大小为 5×5 的特征图。我们将总共 10×5×5=250 个值转换成一个包含 250 个值的一维列表。这时，我们需要在 Sequential 列表中使用之前定义的 View() 类。最后，一个全连接层把这 250 个值映射到 10 个输出节点，每个节点都用一个 S 型激活函数。之所以需要 10 个输出节点，是因为我们需要将图像分类为 10 个数字中的一类。

下面是我们的架构图。

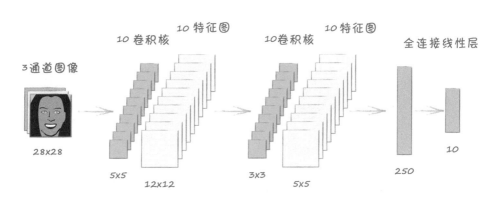

让我们训练这个 CNN，并用之前测试全连接 MNIST 分类器的方法测试它的性能。

我们注意到的第一个区别是，训练这个 CNN 的速度比较快。之前的全连接网络需要 13.5 分钟，现在的 CNN 只需要约 9.5 分钟。

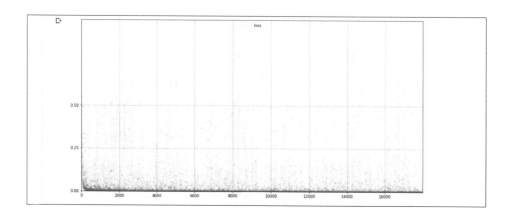

CNN 的损失图与全连接网络损失图非常相似。损失值迅速下降并接近 0，大部分损失值保持在 0 附近。

```
print(score, items, score/items)
9814 10000 0.9814
```

新模型的准确率为 98%，高于之前全连接网络的 97%。虽然看起来提升不是很大，但是对于任意 MNIST 分类器来说，达到高于 98% 的准确率都相当困难。该卷积分类器只用简单的设计和少量代码，便取得了 98% 的准确率！

我们在本节使用的卷积神经网络分类器代码，可从以下链接下载：

- https://github.com/makeyourownneuralnetwork/gan/blob/master/13_cnn_mnist.ipynb

3.1.7 CelebA CNN

接下来，让我们将卷积层应用于 GAN。

我们从之前创建的 CelebA GAN 入手：

- https://github.com/makeyourownneuralnetwork/gan/blob/master/12_gan_celeba.ipynb

CelebA 数据集中的图像是 217 像素 × 178 像素的长方形。为了简化卷积过程，我们将使用 128 像素 × 128 像素的正方形图像。这意味着我们需要先对训练图像进行裁剪。

以下代码是一个辅助函数，可以从一个 numpy 图像中裁剪任意大小的图像。裁剪的区域位于输入图像的正中央。

```
def crop_centre(img, new_width, new_height):
    height, width, _ = img.shape
    startx = width//2 - new_width//2
    starty = height//2 - new_height//2
    return img[ starty:starty + new_height, startx:startx +
    new_width, :]
```

要从一个较大的图像 img 中心截取一个 128 像素 × 128 像素的正方形区域，我们使用 crop_centre（img, 128, 128）。

在笔记本中，我们需要将该辅助函数移到 Dataset 类的上方，因为我们会在 Dataset 类的定义中使用 crop_centre()。下面的代码分别更新了 __getitem__() 方法和 plot_image() 方法。从 HDF5 数据集中读取一个图像后，先将它裁剪成一个 128 像素 × 128 像素的正方形图像。

```
def __getitem__(self, index):
    if (index >= len(self.dataset)):
        raise IndexError()
    img = numpy.array(self.dataset[str(index)+'.jpg'])
    # 裁剪 128 像素 × 128 像素的正方形图像
    img = crop_centre(img, 128, 128)
```

```
    return torch.cuda.FloatTensor(img).permute(2,0,1).
    view(1,3,128,128) / 255.0


def plot_image(self, index):
    img = numpy.array(self.dataset[str(index)+'.jpg'])
    # 裁剪像素 128×128 像素的正方形
    img = crop_centre(img, 128, 128)
    plt.imshow(img, interpolation='nearest')
    pass
```

__getitem__() 需要返回一个张量，并且是一个四维张量的形式
（批次大小，通道，高度，宽度）。numpy 数组是形式为（高度，宽度，3）
的三维张量，permute(2,0,1) 将 numpy 数组重新排序为 (3, 高度 , 宽度)。
view（1,3,128,128）为批量大小增加了一个额外的维度，设置为 1。

让我们看一下 Dataset 类是否能正确地裁剪图像。

可以看到，图像被裁剪成了一个较小的 128 像素 × 128 像素的正方形
图像。

不同于完全连接层，卷积层输出的大小并不是很直观。在设计卷积网络
时，纸和笔会很有帮助。有些人喜欢通过画出输入张量、卷积核和步长的草
图来帮助理解，就像我们在前两章做的那样；有些人喜欢只在代码上做实验，

用错误信息来引导自己调整卷积核和步长；也有些人会使用像附录 C 中的公式或 PyTorch 参考页上的 nn.Conv2d() 的公式，直接计算输出的大小。

我们的网络应该有多少层呢？网络的中间层应该有多少个卷积核呢？正如我们在《Python 神经网络编程》中所讨论的，这个问题没有简单的答案。我们应该尽量构建最小的网络，这样训练起来比较容易，但也不能小到失去学习能力。我们还应该注意区分，网络像分类器一样缩减数据，还是像生成器一样扩展数据，这对设计网络会有帮助。

下图中的网络有 3 个卷积层和 1 个最后的全连接层。

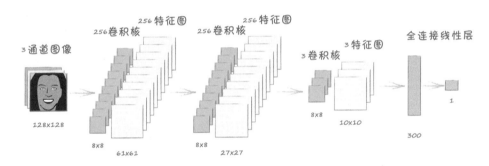

第一个卷积层取 3 通道彩色图像，应用 256 个卷积核，输出 256 个特征图。由于卷积核大小为 8×8，步长为 2，所以特征图的大小为 61 像素 ×61 像素，小于 128 像素 ×128 像素的输入图。下一个卷积层也一样，有 256 个大小为 8×8 的卷积核，步长为 2。从这一层中，我们仍然得到 256 个特征图，不过特征图大小进一步缩小到 27×27。当接近网络的末端时，我们需要考虑减少数据。下一个卷积层只有 3 个卷积核，但同样是 8×8 的大小和步长 2，这就给了我们 3 个大小为 10×10 的特征图。我们需要将这 300 个值缩减到一个鉴别器的输出值。我们也可以使用更多的卷积层来缩减数据。不过，为了汇总图像的关键特征，300 个值已经足够小了。我们可以使用一个简单的全连接线性层来将它们映射到输出。

为了我们可以更好地理解，说这么多还是有必要的。

以下代码实现了鉴别器的网络设计。

```
self.model = nn.Sequential(
    # 预期输入形状 (1,3,128,128)
    nn.Conv2d(3, 256, kernel_size=8, stride=2),
    nn.BatchNorm2d(256),
    nn.LeakyReLU(0.2),

    nn.Conv2d(256, 256, kernel_size=8, stride=2),
    nn.BatchNorm2d(256),
    nn.LeakyReLU(0.2),

    nn.Conv2d(256, 3, kernel_size=8, stride=2),
    nn.LeakyReLU(0.2),

    View(3*10*10),
    nn.Linear(3*10*10, 1),
    nn.Sigmoid()
)
```

代码中并没有什么新的东西要讨论，所有的元素我们都已经见过。值得注意的是，我们使用 View() 将最后一个大小为（1，3，10，10）的特征图重塑为一个简单的一维张量。张量的大小为 300，可以直接传递给线性层。读者可能会注意到，这段代码中出现了 3*10*10，而不是 300。这是为了帮助阅读代码的人理解这个数字的来源——这是一个很好的编程习惯。

为了测试鉴别器对随机像素图像的判别能力，我们需要修改代码，使 generate_random_image() 创建大小为（1, 3, 128, 128）的四维张量。这个改变非常简单，因为我们在编写随机值辅助函数的时候，就考虑到了这一需求，并把张量的形状作为参数。

```
D.train(generate_random_image((1,3,128,128)), torch.cuda.
FloatTensor([0.0]))
```

运行训练循环需要大约10分钟。下图显示了训练过程中的损失值变化。

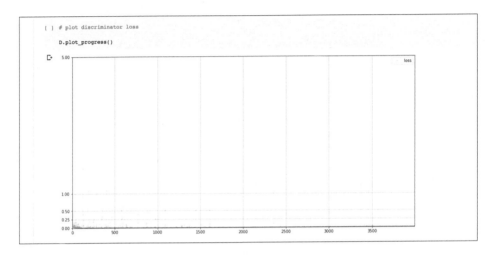

从上图中可见，损失值很快降至0附近。值得注意的是，图中噪声非常少。之前测试网络时常见的高低值跳跃现象，在这里非常少见。

让我们手动测试一下鉴别器区分真实图像和随机生成样本的得分。记得修改随机图像生成函数来输出大小为（1，3，128，128）的张量。

```
[ ] # manually run discriminator to check it can tell real data from fake

    for i in range(4):
      image_data_tensor = celeba_dataset[random.randint(0,20000)]
      print( D.forward( image_data_tensor ).item() )
      pass

    for i in range(4):
      print( D.forward( generate_random_image((1,3,128,128))).item() )
      pass

[→ 1.0
    1.0
    1.0
    1.0
    8.684115755386301e-07
    1.302601582153784e-09
    5.1147814872365416e-09
    1.8210079133496038e-07
```

从分数来看，置信度的确非常高。这说明我们的鉴别器网络是非常有效的。

接着，让我们来思考一下生成器网络，这意味着我们的笔和纸又要派上用场了。我们将遵循一个原则，即生成器应该是鉴别器的镜像。这样一来，它们谁也不比谁强，谁也不比谁弱。

在开始画设计图时，我们可能会问，什么是卷积计算的反义词？卷积将较大的张量缩减成较小的张量，而反卷积则需要将较小的张量扩展成较大的张量。PyTorch 将这种反向卷积称为转置卷积（transposed convolution），需要调用的模块是 nn.ConvTranspose2d。

下图说明了转置卷积的工作原理。

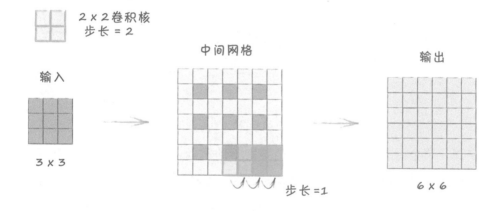

在上图中，输入张量的大小是 3×3，卷积核的大小是 2×2，步长是 2。转置卷积的工作原理是，卷积核在中间网格上移动，跨度为 1，而不是 2。这个中间网格是由输入张量扩展得到的。首先，我们在输入的每两个方格中间添加 0 值方格。这样一来，原输入值之间的距离就等于步长，也就是 2。接着，我们在网格的四周全部添加 0 值方格。这么做的目的是，保证卷积核至少可以覆盖一个原输入值。图中的输出张量大小为 6×6。

这种扩展张量的方法看起来可能过于复杂。但它的主要好处在于，它可以抵消同等配置的卷积效果。例如，如果我们把输出的 6×6 张量，用 2×2 的卷积核和步长 2 进行卷积，我们又会得到一个 3×3 张量。在一些特殊情况下，反转并不精确，需要额外的填充。

读者可以在附录 C 中找到更详细的步骤和案例。

下图是一个卷积网络架构，它以一个大小为 100 的种子为输入，最终产生一个形状为（1，3，128，128）的张量。

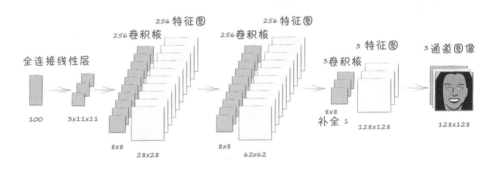

要设计一个神经网络，用于将张量扩展到合适大小，需要经过几个步骤。这个网络看起来非常像是鉴别器的镜像，这很好。起始端有一个全连接层，它将 100 个种子值映射到 3×11×11 的张量。接着，它被转换成转置卷积层所需的四维（1,3,11,11）张量。最后一步，转置卷积层需要一个额外的设置，即补全 padding=1，作用是从中间网格中去掉外围的方格。如果没有补全，要想让输出的大小为（1,3,128,128），则需要增加网络本身的参数。

在卷积生成器网络的末端增加一个全连接层，看起来是一个更直接的解决方案。不过，我们应该避免这样做，因为我们希望用局部特征生成最终的图像。

下面的代码定义了生成器神经网络。

```
self.model = nn.Sequential(
    # 输入是一个一维数组
    nn.Linear(100, 3*11*11),
    nn.LeakyReLU(0.2),

    # 转换成四维
    View((1, 3, 11, 11)),

    nn.ConvTranspose2d(3, 256, kernel_size=8, stride=2),
    nn.BatchNorm2d(256),
    nn.LeakyReLU(0.2),

    nn.ConvTranspose2d(256, 256, kernel_size=8, stride=2),
    nn.BatchNorm2d(256),
    nn.LeakyReLU(0.2),

    nn.ConvTranspose2d(256, 3, kernel_size=8, stride=2, padding=1),
    nn.BatchNorm2d(3),

    nn.Sigmoid()
)
```

这段代码实现了我们的设计思路。首先，它用一个全连接层将 100 个种子值映射到 3*11*11 的张量，再转换成 PyTorch 的卷积模块所需的四维（1，3，11，11）张量。转置卷积模块有 3 个，每个卷积核大小为 8，步长为 2。前两个转置卷积模块有 256 个卷积核，最后一个转置卷积模块减少到 3 个卷积核。因为输出张量需要有 3 个通道，红、绿、蓝像素值各占一个通道。最后一个卷积有额外的补全设置 padding=1。

让我们检查一下，未经训练的生成器是否可以生成一个包含随机像素值的图像，并且形状是正确的。我们需要使用 permute（0,2,3,1）和 view（128,128,3），对生成器中的四维张量重新排序，以便绘制图像。

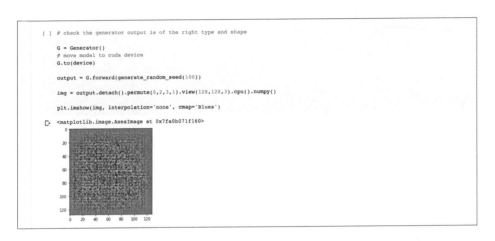

未经训练的生成器确实能生成一个符合大小的图像。它的像素值看起来像是随机的，但如果我们仔细观察，似乎可以看出一个棋盘的图案。同时，图像的边缘也有一个颜色较暗的区域。是不是我们的代码出错了？

其实代码并没有出错。当我们通过一系列的转置卷积构造图像时，特征图的重叠，特别是当步长不是卷积核大小的倍数时，就会导致棋盘图案的出现。边界较暗的原因是，图像边缘的重叠较少，贡献值也较少。当我们训练生成器时，它将学习到正确的权重。

在做完所有准备工作后，我们终于可以训练 GAN 了。我们不需要对训练循环代码进行任何修改，先试着训练一个周期。

训练一个周期大约需要 15 分钟。下图是训练过程中鉴别器损失值的变化。

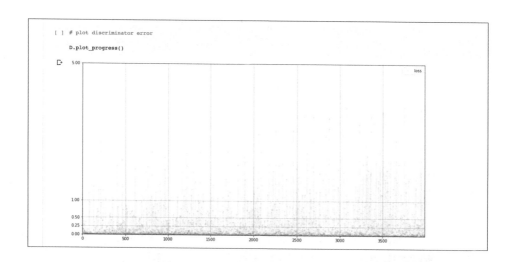

损失值非常迅速地降至 0，并保持在低位。这比混乱的、不稳定的损失图要好。但是，如果能接近理想的损失值 0.693 就更好了。在训练快要结束时，损失值好像有了开始上升的迹象。

让我们看一下生成器损失值的变化。

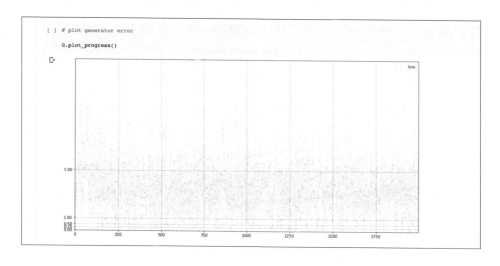

损失值看起来还不错，没有很混乱。但即便损失值高于理想值，它仍在缓慢下降。可能需要训练更久一些。

再让我们看一下训练一个周期后，生成器生成的图像效果。

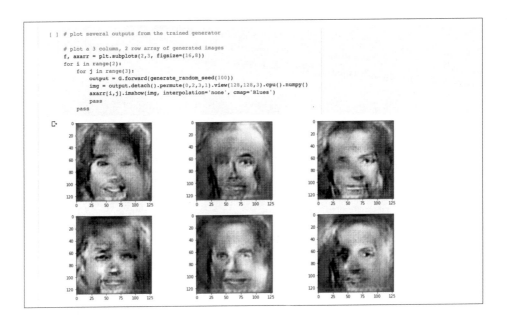

太好了！我们的卷积 GAN 可以生成具有基本人脸特征的图像了。其中多数有两只眼睛、一个鼻子和一个嘴巴，很多时候还有头发。虽然图像质量不是很高，但我们取得的成绩还是值得肯定的。这些图像由卷积神经网络学到的高、中、低层次的局部特征，按层次结构组合而成。当然，这些特征并不是从训练数据中复制过来的。它们的排列方式，比如眼睛在鼻子上方、鼻子在嘴巴上方等，都是通过欺骗辨别器学会的。这真是太酷了！

同时，我们也应该感到非常幸运。因为我们似乎避免了模式崩溃，因为生成的图像是多样的。

与此同时，让我们检查一下卷积 GAN 的内存消耗情况，看看它是否比我们之前创建的全连接 GAN 的内存消耗要低。

```
[ ]  # current memory allocated to tensors (in GB)
     torch.cuda.memory_allocated(device) / (1024*1024*1024)

[→  0.1423473358154297

[ ]  # total memory allocated to tensors during program (in GB)
     torch.cuda.max_memory_allocated(device) / (1024*1024*1024)

[→  0.2035832405090332
```

在整个笔记本运行完成后，分配给所有张量的内存仍然只有 0.14GB。这主要是因为鉴别器对象和生成器对象仍然存在。之前的全连接 GAN 的内存是 0.70GB。所以，我们的卷积 GAN 只有全连接 GAN 消耗的内存的 20% 左右。这是一个了不起的改良。

再看看张量的内存消耗峰值，现在是 0.20GB。相比之前的 1.1GB，同样只有 20% 左右。

我们来看看更长时间的训练是否能改善图像质量。下图是在训练 1、2、3、4、6 和 8 个周期后生成的图像。我们把它们一起显示，方便比较图像质量。

刚开始，图像质量不是很好。随着训练的进行，生成人脸的质量开始变好。有些脸孔具有更真实、更细腻的皮肤。同时，我们也成功地避免了模式崩溃，可以生成多样化的人脸和姿势角度。但即便如此，并不是每幅图像都是好的。我们尚不清楚更长时间的训练是否能解决这个问题。也可能我们这个相对简单的网络架构有着固有的局限性。

再看看这些图像，它们看起来像是由一组碎片补丁拼凑成的。比如说，有的图像中，一只眼睛和另一只眼睛可能有很大的差别。又比如，在一些图像中，发型的一半与另一半是不一样的。在全连接 GAN 中，我们没有遇到过类似的情况。这是因为，卷积网络中每一个特征的生成，都是在缺乏上层图像的完整视角的情况下进行的。卷积网络有意地先缩小焦点再生成图像，这样做既有利也有弊。

构建卷积 GAN 的所有代码可在以下链接中找到。

- https://github.com/makeyourownneuralnetwork/gan/blob/master/14_gan_cnn_celeba.ipynb

3.1.8　自己动手试验

读者可以通过尝试自己的想法来改良 GAN。

比如，我们可以尝试不同类型的损失函数、不同大小的神经网络，甚至可以改变基本的 GAN 训练循环。或许，我们可以尝试在损失函数中增加一个指标来衡量输出的多样性，从而避免模式崩溃。如果有信心，读者也可以尝试实现自己的优化器，做一个更适合 GAN 的对抗性的优化器。

下面，我用一个名为 GELU 的激活函数做了一个简单试验。这个函数类似于 ReLU，但拐角更柔和。不少人认为，GELU 是目前最优的激活函数，因为它提供了很好的梯度，而且在原点周围没有尖锐的不连续性。

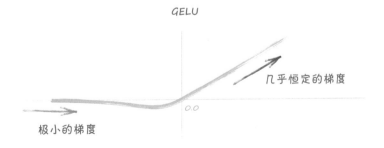

我们用 nn.GELU() 取代原来代码中的 nn.LeakyReLU(0.2)。模型经过训练后生成以下图像。

虽然没有进行科学的测试，但是仅通过观察比较就可以发现，使用 GELU 激活函数后的图像质量的确略有提高。

下图是训练 10 个和 12 个周期后生成的图像。

其中，一些图像的真实度着实令人印象深刻。进一步的训练可能会进一步提高图像质量，但实际上，许多简单的 GAN 架构最终会崩溃，图像质量会退步并发生模式崩溃。

在附录 D 中，我们从理论上讨论为什么使用梯度下降法训练 GAN 可能存在根本性缺陷。

这个实验的代码可从以下链接下载：

- https://github.com/makeyourownneuralnetwork/gan/blob/master/15_
gan_cnn_celeba_refinements.ipynb

3.1.9 学习要点

- 最先进的图像分类神经网络利用有意义的局部化特征。可识别的对象是由具有层次结构的特征构成的。低层次细节特征组成中层次特征，中层次特征本身又组成高层次对象。
- 卷积神经网络通过卷积核从一幅输入图像中生成特征图。指定的卷积核可以识别出图像中的特定图案。
- 神经网络中的卷积层可以针对具体任务学习合适的卷积核，也就是说，网络不需要我们直接设计特征，即可学到图像中最有用的特征。使用卷积层的神经网络在图像分类任务上的表现，优于同等大小的全连接网络。
- 卷积模块缩减数据，同样配置的转置卷积模块可以抵消这种缩减。因此，转置卷积是生成网络的理想选择。
- 基于卷积网络的GAN，通过将低层次特征组成中层次特征，再由中层次特征组成高层次特征来构建图像。实验表明，由卷积GAN生成的图像质量高于同等大小的全连接GAN。
- 与全连接GAN相比，卷积GAN占用的内存更少。在GPU内存受到限制时，这是处理较大大小的图像文件时需要考虑的一个因素。我们看到卷积GAN的内存使用只有全连接GAN的20%左右。
- 卷积生成器的一个缺点是，它可能生成由相互不匹配的元素组成的图像。例如，包含不同眼睛的人脸。这是因为卷积网络处理的信息是局部化的，而全局关系并没有被学习到。

3.2 条件式 GAN

之前，我们构建的 MNIST GAN 可以生成各种不同的输出图像。我们很好地避免了单一化和模式崩溃，它们是设计 GAN 时的主要挑战。

如果能通过某种方式引导 GAN 生成多样化的图像，同时又仅限于生成训练数据中的一类图像，那将是非常有价值的。例如，我们可以要求 GAN 生成不同的、但都代表数字 3 的图像。又如，我们用人脸图像进行训练，如果情绪是训练数据中的一个类别，那么我们可以要求 GAN 只生成具有快乐表情的人脸图像。

3.2.1 条件式GAN架构

让我们构想一下这种架构会是什么样子的。

如果希望让一个训练后的 GAN 生成器输出一个指定类型的图像，则需要告诉它我们希望的输出类型。这意味着，我们需要将类型作为生成器输入的一部分，如同随机种子一样。

鉴别器的情况更加复杂。以前，它唯一的工作是尝试将真实的图像和生成的图像分开。现在，我们希望它同时学习将类型标签与图像关联起来。不然，它就无法向生成器提供反馈，生成器也就无法将图像与标签关联起来。这意味着，我们还需要将类型标签与图像一起输入鉴别器。

下图显示的架构是条件式（conditional）GAN。

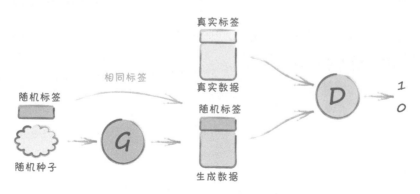

主要的改变在于，现在生成器和鉴别器的输入都在图像数据的基础上加入了类型标签。

3.2.2 鉴别器

让我们修改之前的全连接 MNIST GAN（代码可参见以下链接），实现这个架构。

- https://github.com/makeyourownneuralnetwork/gan/blob/master/08_gan_mnist.ipynb

首先，我们需要更新鉴别器，使它可以同时接收输入图像的像素数据和标签信息。一种简单的方法是扩展 forward() 函数，使它可以同时接收图像张量和标签张量为输入变量，再直接将它们拼接起来。标签张量就是我们之前在 Dataset 类中创建的独热张量。

```
def forward(self, image_tensor, label_tensor):
    # 拼接种子和标签
    inputs = torch.cat((image_tensor, label_tensor))
    return self.model(inputs)
```

通过 torch.cat() 函数可以方便地将两个张量拼接起来。从 Dataset 类中返回的图像张量长度为 784，标签张量的长度为 10，所以拼接起来后的长度为 794。

由于我们扩展了输入的大小，因此需要更改第一层神经网络的定义，将预期输入的大小改为 784+10。

```
self.model = nn.Sequential(
    nn.Linear(784+10, 200),
    nn.LeakyReLU(0.02),

    nn.LayerNorm(200),
```

```
    nn.Linear(200, 1),
    nn.Sigmoid()
)
```

我们将更新后的输入张量长度写成 784+10，而不是 794。这是为了方便别人在阅读这段代码时看到这个变化，也能明白这个变化的原因——这是一个很好的编程习惯。

对鉴别器的最后一个改动是，在 train() 函数里需要将标签添加到调用 forward() 的输入参数中。下面只显示了 train() 函数的前几行。

```
def train(self, inputs, label_tensor):
    # 计算网络的输出
    outputs = self.forward(inputs, label_tensor)
```

让我们用常规的方法来测试鉴别器。为此，我们需要更新训练循环代码，将额外的标签张量输入 train() 函数。

```
for label, image_data_tensor, label_tensor in mnist_dataset:
    # 真实数据
    D.train(image_data_tensor, label_tensor, torch.FloatTensor
    ([1.0]))
    # 生成数据
    D.train(generate_random_image(784), generate_random_one_
    hot(10), torch.FloatTensor([0.0]))
    pass
```

我们还需要为随机生成的图像搭配一个随机类别标签。为此，我们创建了一个便利函数 generate_random_one_hot()，用来生成一个随机的独热标签向量。

```
# 输入参数 size 必须是整数（integer）类型
def generate_random_one_hot(size):
    label_tensor = torch.zeros((size))
```

```
    random_idx = random.randint(0,size-1)

    label_tensor[random_idx] = 1.0

    return label_tensor
```

让我们通过损失值来看看鉴别器的效果。

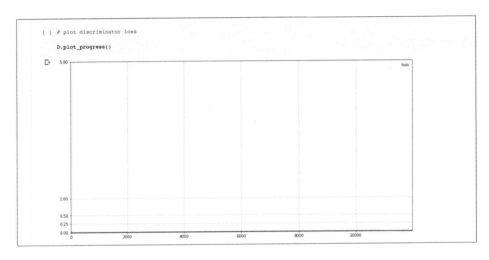

相比原来的鉴别器，修改后的鉴别器的训练损失值并没有太大变化。

3.2.3　生成器

现在，让我们来想象一下生成器。由于要把种子和标签张量输入生成器，因此需要修改 forward() 函数。我们需要把输入参数拼接起来，再输入神经网络。

```
def forward(self, seed_tensor, label):

    # 拼接种子和标签

    inputs = torch.cat((seed_tensor, label_tensor))

    return self.model(inputs)
```

网络的第一层需要修改，以便接收 10 个额外的输入值。

```
self.model = nn.Sequential(

    nn.Linear(100+10, 200),
```

```
    nn.LeakyReLU(0.02),

    nn.LayerNorm(200),

    nn.Linear(200, 784),
    nn.Sigmoid()
)
```

最后，train() 函数也需要接收标签输入。

```
def train(self, D, inputs, label_tensor, targets):
    # 计算网络的输出
    g_output = self.forward(inputs, label_tensor)

    # 输入鉴别器
    d_output = D.forward(g_output, label_tensor)
```

在向生成器输入本身的 forward() 函数，以及将生成的图像传递给鉴别器的 forward() 函数时，我们使用的标签张量是相同的。否则，鉴别器无法向生成器提供相关标签的反馈。

3.2.4 训练循环

GAN 的主训练循环同样需要修改，输入一个标签张量给鉴别器和生成器。以下代码只显示了周期循环内的内容。

```
for label, image_data_tensor, label_tensor in mnist_dataset:
    # 使用真实正样本训练鉴别器
    D.train(image_data_tensor, label_tensor, torch.FloatTensor
    ([1.0]))
```

```
# 为鉴别器生成一个随机独热标签
random_label = generate_random_one_hot(10)


# 使用负样本训练鉴别器
# 使用 detach() 以避免计算生成器 G 中的梯度
D.train(G.forward(generate_random_seed(100), random_label).
detach(), random_label, torch.FloatTensor([0.0]))


# 为生成器生成一个随机独热标签
random_label = generate_random_one_hot(10)


# 训练生成器
G.train(D, generate_random_seed(100), random_label, torch.
FloatTensor([1.0]))


    pass
```

值得注意的是，我们创建了一个变量 random_label。这样一来，在用生成的图像训练鉴别器时，我们我可以对生成器和鉴别器输入同一个标签张量。

3.2.5 绘制图像

当生成器训练完成后，我们可以测试用它为指定的几个标签生成图像。我们先在生成器类中添加一个新的 plot_images() 方法。

```
def plot_images(self, label):
    label_tensor = torch.zeros((10))
    label_tensor[label] = 1.0
    # 在 3 列 2 行的网格中生成样本图像
```

```
    f, axarr = plt.subplots(2,3, figsize=(16,8))
    for i in range(2):
        for j in range(3):
            axarr[i,j].imshow(G.forward(generate_random_seed(100),
            label_tensor).detach().cpu().numpy().reshape(28,28),
            interpolation='none', cmap='Blues')
            pass
        pass
    pass
```

该函数将接收一个整数类型的标签，并将它转换成独热张量，再输入生成器。6个不同的随机种子生成了6幅图像，并绘制在网格中。

3.2.6 条件式GAN的结果

我花了大约1小时30分钟将GAN训练了12个周期。乍看之下，鉴别器损失值与更新之前的损失值没有太大区别。但是如果仔细看会发现新的损失值并不接近0，看起来甚至在增加。这是一个好的现象，因为GAN的理想损失值并不是0。

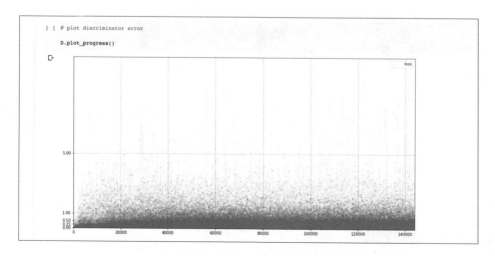

生成器损失值看起来同样与改动前的 GAN 差不多。如果仔细看，会发现均值也不是 0，这很好。

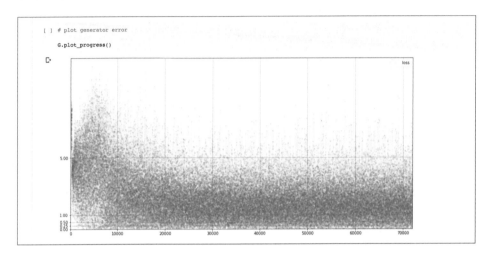

这表明，输入额外的标签信息有助于训练 GAN。这是合理的，因为鉴别器有了更多有价值的信息，帮助它判断图像是否真实，并反馈给生成器。

最后，我们使用 plot_images(9) 让 GAN 生成若干幅 9 的图像。

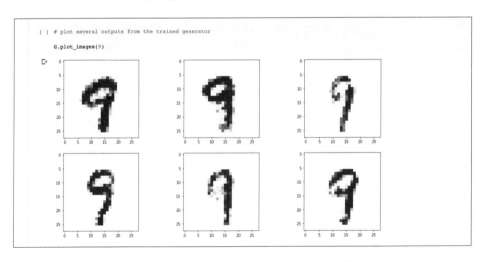

成功了！我们的条件式 GAN 的确生成了几幅数字 9 的图像。更好的是，这些图像都是不一样的。

下图分别显示了 6 幅随机生成的数字 9、3、1 和 5 的图像。

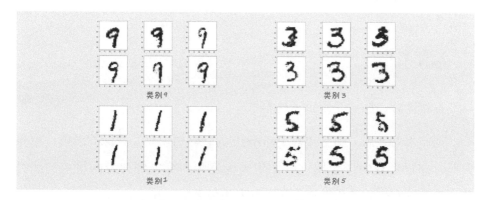

我们看到，由 GAN 生成的图像都是我们指定的数字，而且都是不一样的。

能生成指定类型的多样化图像真的很强大。我们可以想象到很多应用，比如生成具有特定情绪表情的人像、具有指定颜色的花朵等。实现这一功能的关键在于，训练数据需要用我们希望生成的类别进行标记。

生成 MNIST 数字的条件式 GAN 的代码链接是：

- https://github.com/makeyourownneuralnetwork/gan/blob/master/16_cgan_mnist.ipynb

3.2.7 学习要点

- 不同于GAN，条件式GAN可以直接生成特定类型的输出。
- 训练条件式GAN，需要将类别标签分别与图像和种子一起输入鉴别器和生成器。
- 由条件式GAN生成图像的质量，通常优于由不使用标签信息的同等GAN生成的图像。

3.3 结语

太有才了!

祝贺读者,您已经读完了这本书。

读完本书之后,您应该对 PyTorch 的基础知识有了较深的理解。更棒的是,您已经获得了使用这些知识来构建和训练多种神经网络的实践经验。您应该有信心使用 PyTorch 来开发更复杂的架构了。

与此同时,您已经对 GAN 有了一定了解。GAN 是目前机器学习中最热门的领域之一。您已经收获了设计网络、见证网络失败,并对失败进行补救的实战经验。具备这样经验的人才并不太多。

您很幸运地参与了机器学习的最前沿工作。您的某个想法完全有可能成为具有突破性的研究成果。这相当令人振奋!

未来方向

在本书中,我们尽量控制内容,将重点放在图像生成上。不过,GAN也可以学习其他类型的数据,如声音、视频甚至自然语言等。虽然应用不同,但是它们的核心概念是一样的。

目前,有很多研究试图探索新的方法来改良 GAN 的训练。同时,关于 GAN 如何训练以及为什么训练会失败的理论研究也在进行中。大量不同的想法和方法不断被提出,比如全新的损失函数、惩罚单一性输出的有趣架构等。我们建议您亲自参与探索。

在我看来,最有希望的研究方向之一是关于梯度下降的。简单来说,在两个或更多的代理试图实现对立的目标时，梯度下降很可能不是理想的优化方法。

即使是最基本的问题，同样有待解答。比如，如何衡量和比较一个由 GAN 生成的图像的质量和多样性？我们如何科学合理地比较两个不同 GAN 架构的效果？

负责任地使用

通过使用 GAN，我们可以生成足以以假乱真的数据。被滥用或造成事故的可能性是很大的。一些组织正在制定指导准则和框架，以确保我们对机器学习的使用是安全的、负责任的、符合道德的。请您务必了解一下。如果您对机器学习的使用可能会影响到其他人，也请遵守这些准则。

机器学习是超酷的!

让我们再重温一下重点。我们只用很简短的代码，编写非常简单的 GAN。它可以在没有直接看过训练数据的情况下，学习生成逼真的图像。这些图像不是从训练样本中直接复制粘贴来的，也不是训练样本的某种平均值。

即便在花了如此多精力思考和编码之后，这一成就仍令人觉得不可思议。

祝您 GAN 得愉快!

附录A 理想的损失值

在训练 GAN 时，我们希望达到的理想状态是，生成器与鉴别器之间达到平衡。这时，鉴别器无法区分真实数据与生成器生成的数据。因为生成器已经学会了生成看起来足以以假乱真的数据。

我们来计算一下，当达到平衡时，鉴别器的损失值应该是多少。下面我们分别对均方误差（mean squared error, MSE）损失和二元交叉熵（binary cross entropy, BCE）损失进行计算。

A.1　MSE 损失

均方误差损失的定义很简单。它先计算输出节点产生的值和预期的目标值之间的差值，也就是误差。误差可以是正值，也可以是负值。如果我们把误差平方，就可以保证结果为正。均方误差就是这些平方误差的平均值。

该损失的数学表达式如下。对于长度为 n 的输出层的每个节点，实际输出为 o，预期目标为 t。

$$loss \quad = \quad \frac{1}{n} \sum_n (t-o)^2$$

由于鉴别器只有一个输出节点，因此我们可以将以上表达式简化。

$$loss \quad = \quad (t-o)^2$$

当鉴别器无法区分真实数据和生成数据时，它不会输出 1，因为输出 1 表示它完全确信数据是真实的；它也不会输出 0，因为输出 0 表示它完全确信数据是生成的。鉴别器会输出 0.5，因为它对任何一种判断都没有信心。

如果输出为 0.5，而目标值为 1，则误差为 0.5；当目标为 0 时，误差为 −0.5。这两个误差经过平方后，结果都会得到 0.25。

因此，一个平衡 GAN 的 MSE 损失为 0.25。

A.2 BCE 损失

二元交叉熵损失的计算基于概率和不确定性。下面逐个解释。

我们以 MNIST 分类器为例，它的神经网络有 10 个输出节点，每个输出节点对应一个类别。如果训练后的网络判断一个图像是数字 4，那么第 4 个输出节点的值最高，其他节点的值会相对较低。

正如我们之前讲过的，这些值衡量了分类的置信度。另一种简单的思考方法，是把它们看作概率。这其实也很贴切，因为就像概率一样，输出节点的取值范围为 0 ～ 1。

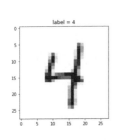
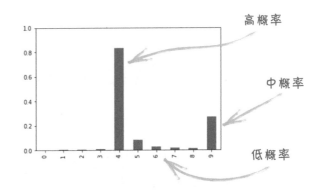

上图中，左边显示的是一幅代表 4 的图像，右边显示分类器的输出。从输出可以看出，网络给表示 4 的节点输出的概率最高，表示它认为这幅图像很可能是 4。同时，它也给表示 9 的节点输出了中等的概率，表示它认为这幅图像也可能是 9。另外，它给其他节点分配了很低的概率，表示它认为这幅图像看起来不像这些数字，如 2 或 3 等。

下表显示了输出值 x 和预期目标值 y 的两个例子。

输出值 x	目标值 y	结果
0.9	1.0	几乎正确
0.1	1.0	非常错误

在上表的第 1 行，神经网络输出了一个概率为 0.9 的分类。由于目标值是 1.0，所以几乎是正确的。对于这样的结果，一个好的损失函数会输出一个很小的结果。

在上表的第 2 行，分类结果的概率非常低，只有 0.1。这说明网络并不认为这个分类是正确的。由于目标值是 1.0，所以网络的结果错误。在这种情况下，一个好的损失函数应该输出一个很大的值。

现在，让我们从概率过渡到不确定性。

熵（Entropy）是描述不确定性的数学概念。假设有一枚不公平的硬币，两面都是正，那么得到正面的概率就是 100%。同样地，得到反面的概率是 0%。在任意一种情况下，我们对结果都是 100% 确定的。由于不确定性是 0，因此我们说熵是 0。

现在，假设我们有一枚公平的硬币，一面是正面，另一面是反面。这时，我们对结果的不确定性最大，即熵最大。

计算熵的数学表达式是

$$\text{entropy} = \sum -p \cdot ln(p)$$

结果是所有可能结果的总和，而 p 是这些结果的概率。我们不会去探究这个表达式的来源，但我们可以通过绘图直观地看出为什么它的形状是正确的。

下图中，x 轴是硬币为正面的概率，y 轴是用上面的表达式计算得到的熵。

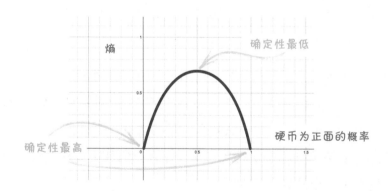

这幅图告诉我们，当一枚硬币两面都是正面，也就是 p（正面）=1 时，不确定性等于 0。当两面都是反面，也就是 p（正面）=0 时，不确定性也等于 0。如果硬币是公平的，即 p（正面）=0.5 时，熵最大。

我们了解了熵的工作原理。现在，让我们计算当硬币两面都是正面时的熵，也就是 p（正面）=1。

$$entropy = \sum -p \cdot ln(p)$$
$$= -1 \cdot ln(1) - 0 \cdot ln(0)$$
$$= 0$$

计算的结果包括两部分，分别对应硬币为正面和反面两种情况。正面的概率是 1，反面的概率是 0。因为 ln 1 是 0，可以直接省略。即便 ln 0 是无定义的，由于乘以 0，表达式 0ln 0 也是 0。计算的结果与图中显示的 p（正面）=1 时的熵为 0 相吻合。

读者可以自己试着计算一下，一枚公平的硬币 p（正面）=0.5，p（反面）=0.5，它的最大熵是多少？

小结一下，熵是衡量结果的不确定性的一个指标。

接着，我们来谈谈交叉熵（cross entropy）。它同样是衡量结果的不确定性的指标。这种不确定性，是由结果的实际可能性与我们预想的可能性之间的差异而导致的。

这听起来很抽象，所以让我们回到之前的硬币例子。如果我们认为一枚硬币是公平的，但事实上它并不公平，我们就会对结果感到意外。这些结果具有不确定性。这正是交叉熵要衡量的信息。如果我们认为一枚硬币是公平的，实际上它也确实是公平的，那么我们就不会对结果感到惊讶。在这种情况下，交叉熵会很小。

我们可以把交叉熵看作两个概率分布之间的比较。它们的相似度越高，交叉熵就越小。两个概率分布完全相同时的交叉熵为 0。

这与神经网络有什么关系呢？事实上，神经网络的目标输出是概率分布，而实际输出也是概率分布。如果它们之间差异很大，交叉熵就会很高；如果它们很相似，交叉熵就会很低。这也正是我们希望损失函数所要实现的。

以上是对交叉熵的直观的解释，以下用数学表达式定义。结果是所有可能分类的总和，其中 x 是观察到的概率，y 是该分类的实际概率。

$$cross\ entropy\ =\ \sum -y \cdot ln(x)$$

以之前的网络为例进行计算。输出值 x 为 0.9，但实际应该是 1.0。我们对所有可能的分类分别计算再求和。这里可能的分类是 1.0 和与它相反的 0.0。

$$\begin{aligned} cross\ entropy\ &=\ \sum -y \cdot ln(x) \\ &=\ -1 \cdot ln(0.9) - (1-1) \cdot ln(1-0.9) \\ &=\ 0.105 \end{aligned}$$

让我们换一个例子进行同样的计算。假设输出是 0.1，而实际值应该是 1.0。

$$\begin{aligned} cross\ entropy\ &=\ \sum -y \cdot ln(x) \\ &=\ -1 \cdot ln(0.1) - (1-1) \cdot ln(1-0.1) \\ &=\ 2.303 \end{aligned}$$

我们同样可以把这些结果汇总成一个表。相比上一个表多出一行，其中输出值 x 为 0.9，实际应该是 0.0。

输出值 x	目标值 y	交叉熵
0.9	1.0	0.105
0.1	1.0	2.303
0.9	0.0	2.303

从前两行可以看出，在结果非常错误的情况下，交叉熵较大。而对于

几乎正确的输出结果，交叉熵较小。从第 3 行可见，置信度高却错误的输出也有较大的交叉熵。这就是我们选择使用交叉熵作为损失函数的原因。

但为什么我们要用这种复杂的损失函数呢？毕竟计算 MSE 损失要简单得多，也更容易理解。

严格来说，我们可以使用任意一个可以惩罚错误输出的损失函数。有些人更喜欢对分类任务使用交叉熵，因为它可以从数学上被推导，而对于回归任务却不能。但关键的原因在于，它对错误输出的惩罚力度更大。要知道，交叉熵与 MSE 损失的区别在于它包含对数，造成它的取值范围比 1.0 大得多。这种陡峭的损失函数可以反馈给神经网络很大的梯度。

下图显示，在正确输出是 1.0 时，不同观测输出的交叉熵损失。

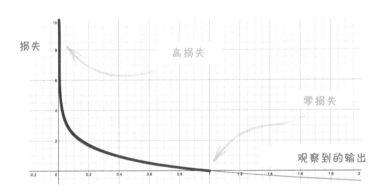

很明显，非常错误的输出对应非常大的损失值，梯度同样很大。

二元交叉熵是在只有两个分类的情况下使用的交叉熵。这正是鉴别器所面临的情况，真实数据为 1.0，生成数据为 0.0。

现在我们终于可以回答最初的问题了。当鉴别器和生成器达到平衡时，理想的二元交叉熵损失是多少？

当达到平衡时，鉴别器对两种数据的分类效果同样不佳，因此输出总是 0.5。其中，有一些真实值是 1.0，另一些应该是 0.0。

对于 $x=0.5$，$y=1.0$，我们计算交叉熵如下。

$$\text{cross entropy} = \sum -y \cdot ln(x)$$
$$= -(1.0) \cdot ln(0.5) - (0.0) \cdot ln(1-0.5)$$
$$= 0.693$$

对于 $x=0.5$ 和 $y=0.0$，计算交叉熵得到的结果是一样的。

$$\text{cross entropy} = \sum -y \cdot ln(x)$$
$$= -(0.0) \cdot ln(0.5) - (1.0) \cdot ln(1-0.5)$$
$$= 0.693$$

因此，使用 BCELoss() 损失函数时，GAN 的理想损失值是 0.693。

附录B　GAN学习可能性

GAN 到底能学到什么？这是一个很好的问题，但并没有一个显而易见的答案。

接下来，我们将以不使用过多数学术语的方式，对 GAN 所学习的内容进行直观的解释。让我们先从 GAN 不能学习什么开始吧。

B.1　GAN 不会记忆训练数据

GAN 不会学习记忆训练数据中的实例，包括任何实例中的具体部分。对于由人脸图像组成的训练数据，这意味着生成器不会记忆眼睛、耳朵、嘴唇或鼻子等元素。

另一方面，生成器不会直接看到训练数据。它所学习到的，只是来自鉴别器的反向传播误差反馈，而鉴别器本身只能做出图像真伪的二元判断。

其实，GAN 学习的是训练数据中每个元素出现的可能性（likelihood）。

B.2 简单的例子

下图是一个非常小的、只有 8 幅图像的数据集。每幅图像也非常小，仅有 3 像素×3 像素。此外，像素只能是两个值中的一个，在这里表示为蓝色或白色。

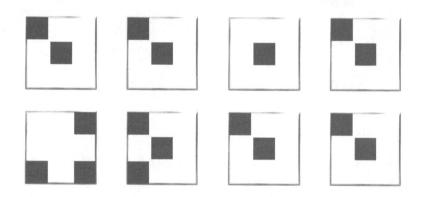

作为人类，如果我们被要求画出一幅图像，使它看起来属于这个数据集，我们可能会凭直觉把蓝色像素画在图像中心和左上角。我们也可能把蓝色像素画在左下角。

在这种直觉的背后，是对"一个像素有多大可能是蓝色"的理解。我们看到，大多数图像的中心像素是蓝色的。事实上，除了其中一幅图像之外，其他所有的图像都符合这一规律。许多图像的左上角也有一个蓝色像素。有几幅图像的左下角像素是蓝色。同时，有些位置，比如中上（中心像素上方）的像素，从来都不是蓝色的。

让我们看一下实际的计算过程。我们可以统计出每个像素点是蓝色的样本数。下面左图的矩阵中显示了这些统计。在 8 幅训练图像中，左上角的像素在 6 幅中都是蓝色的，而左下角是蓝色的只有 2 幅。中上的蓝色像素出现次数为 0。因为中上的像素在任何一幅训练图像中都不是蓝色的。

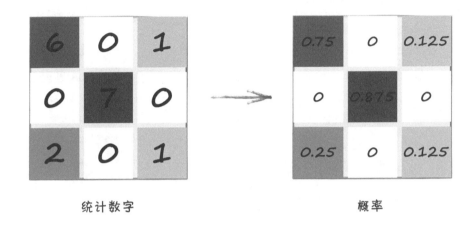

统计数字　　　　　　　　　　　概率

这些统计数字可以被转换成可能性，也被称为概率。转换过程只需要将每个数字除以可能出现的最大次数，这里是 8。这些概率显示在上图右边的矩阵中。

右边的矩阵类似一个概率分布图。它显示了一幅 3 像素 ×3 像素的图像中，每个像素是蓝色的可能性。

B.3　从一个概率分布中生成图像

如果我们是一个生成器，我们可能会在决定一个像素是不是蓝色之前，先看看它的概率。比如，左上角的像素为蓝色的概率就相当高，达到 0.75。而中上的像素是蓝色的概率是 0，我们永远也不会将它涂成蓝色。

使用这个方法，我们可以生成 24 种不同的图像。

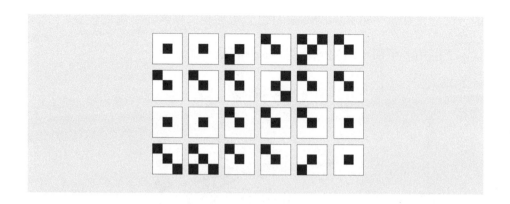

它们看起来都像来自训练数据集的图像。

从概率分布中生成图像的关键在于，我们并非从训练数据中复制整幅图像或者某个部分，而是按照训练图像中各元素出现的可能性生成图像。

从以下链接可以下载将统计数字转换为概率的代码：

- https://github.com/makeyourownneuralnetwork/gan/blob/master/ Appendix_B_generate.ipynb

B.4 为图像特征学习像素组合

在上面的简单例子中，我们只考虑了单个像素的可能性。对于 MNIST 数字或 CelebA 人脸图像这样更逼真的图像来说，其实是不够的。

让我们考虑一下人脸图像中的微笑表情。如果有些像素的嘴唇是红色的，那么我们需要附近的像素也是红色的。我们不能让附近的像素代表不同的笑容，比如紫色的嘴唇。这样的结果看起来会很乱、不真实。

这说明，生成器神经网络也会通过与相邻像素有关的方式，学习一个像素为某种颜色的可能性。如果生成器生成一个红色像素，将其作为嘴唇的一部分，那么学习到的网络权重也会增加相邻像素是红色的机会。

下图用一个简单的生成器网络来解释这个想法。

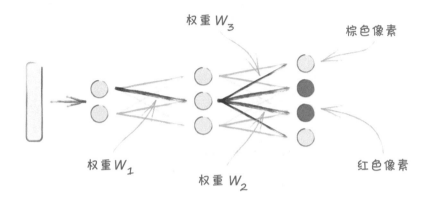

我们看到，较高的权重 w_1 激活中间层的中间节点。从该节点输出的信号，通过较高权重的 w_2 继续激活产生红色像素。同样被 w_1 激活的节点，也通过权重较高的 w_3 激活红色像素周围的皮肤色像素。通过这种方式，权重共同学会了为嘴唇画成红色像素组合，同时将嘴唇周围的脸部画成非红色像素。

B.5 多模式以及模式崩溃

如果我们使用 MNIST 数据集进行训练，我们希望生成器能够生成所有的 10 个数字。这意味着它要学习所有 10 个数字的概率分布。

生成器所面对的挑战是同时学习多个概率分布来对应每一种图像。它可以通过学习正确的权重来实现。这样，不同的随机种子会激活网络的不同路径，从而对应一种概率分布。

这并不是一个简单的任务。这也正是 GAN 很难训练成功的原因。

当出现模式崩溃时，说明生成器只学会了一类图像的概率分布。

附录C 卷积案例

卷积常用于图像神经网络中，既可以作为分类器，也可以作为生成器。在设计卷积神经网络时，我们需要清楚每个卷积层输出数据的形状。

在本附录中，我们将通过常用的卷积层配置，了解如何得出这些数据的形状。

特别需要注意的是，转置卷积普遍被认为是较难掌握的。这里，我们将通过一些例子来证明它们并不难理解。这些例子都遵循了一个非常简单的窍门。

C.1 例1: 卷积，步长为1，无补全

在第 1 个例子中，输入图像大小为 6×6，我们使用一个 2×2 的卷积核，步长为 1。

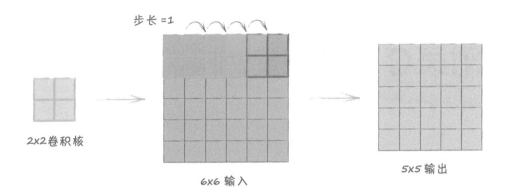

步长 =1

2x2卷积核

6x6 输入

5x5 输出

上图显示了卷积核是如何沿着图像以步长 1 移动的。卷积核覆盖的区域有重叠，但这并不是问题。图像从左到右，卷积核可以占 5 个位置，这是输出的宽度是 5 的原因。从上到下，卷积核也可以占 5 个位置，这就是输出是一个 5×5 的正方形图像的原因。很容易吧！

实现这个例子的 PyTorch 代码为：

```
nn.Conv2d(in_channels, out_channels, kernel_size=2, stride=1)
```

C.2 例2: 卷积，步长为2，无补全

第 2 个例子与第 1 个例子基本相同，唯一的区别是，现在步长为 2。

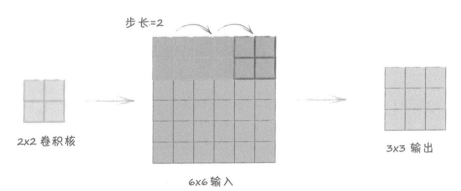

步长=2

2x2 卷积核

6x6 输入

3x3 输出

上图显示了卷积核是如何沿着图像以步长 2 移动的。这次，卷积核覆盖的区域没有重叠。事实上，由于卷积核的大小与步长相等，图像可以被无缝覆盖。卷积核可以在图像上横着或竖着走 3 个位置，因此输出大小是 3×3。

实现这个例子的 PyTorch 代码为：

```
nn.Conv2d(in_channels, out_channels, kernel_size=2, stride=2)
```

C.3 例3: 卷积，步长为2，有补全

第 3 个例子与第 2 个例子一样，不过现在我们加入补全。

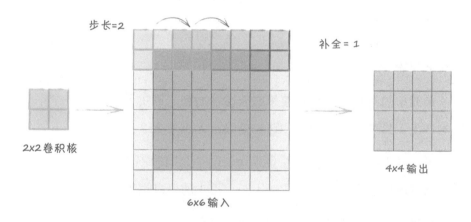

通过设置补全为 1，我们将所有的图像边缘都扩展了 1 个像素，像素值为 0。这意味着图像的宽度增加了 2 个像素。我们将卷积核应用于这个扩展后的图像上。从上图可见，卷积核可以在整个图像上占据 4 个位置。这就是为什么输出大小是 4×4。

实现这个例子的 PyTorch 代码为：

```
nn.Conv2d(in_channels, out_channels, kernel_size=2, stride=2,
padding=2)
```

C.4 例4: 卷积，不完全覆盖

在这个例子中，卷积核的大小和步长决定了它无法覆盖图像的边缘。

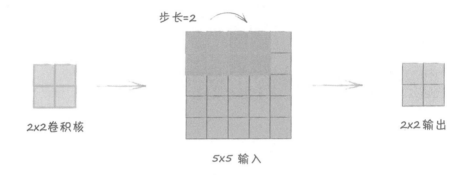

这里，2×2的卷积核在 5 ×5 的图像上以步长 2 移动。图像的最后一列没有被覆盖。

最简单的解决方法是直接忽略未覆盖的列。事实上，包括 PyTorch 在内的许多工具都是这样做的。这也是输出大小是 2×2 的原因。

对于较大的图像，丢失图像最边缘的信息问题不大，因为有意义的内容通常在图像的中间位置。即使不在，丢失的信息也是小部分的。

如果真的希望避免丢失任何信息，我们需要调整一些选项。比如，我们可以通过添加补全，确保不遗漏输入图像的任何部分。或者，我们可以调整卷积核和步长的大小，使其与图像大小相匹配。

C.5 例5: 转置卷积，步长为2，无补全

转置卷积通常被用于将一个张量扩展为较大的张量。它与普通卷积相

反，卷积将一个张量缩减成一个较小的张量。

在这个例子中，我们同样使用一个 2×2 的卷积核，以步长 2 扩展一个 3×3 的输入。

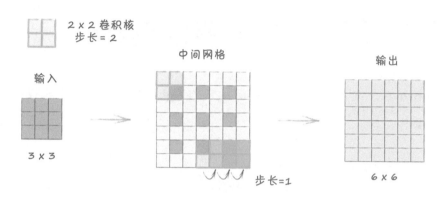

转置卷积的过程中有一些额外的步骤，但是都不复杂。

首先，我们创建一个中间网格，将原始输入的方格按步长间隔开。在上图中，粉红色的方格以步长 2 间隔开。中间新加入的方格的值等于 0。

其次，我们用 0 值扩展图像的边缘方格。原输入的四周全部被扩展。扩展后，卷积核在左上角可以覆盖一个粉红色方格，如上图中的中间网格所示。如果我们在四周再扩展一圈方格，卷积核就无法覆盖原来的粉红色方格。

最后，卷积核在这个中间网格上以步长 1 移动。这个步长是固定的。不同于一般的卷积，这里的步长选项不用来决定卷积核的移动方式，而只用于设置原始方格在中间网格中的距离。

卷积核在这个 7×7 的中间网格上移动，输出的结果是一个 6×6 的网格。

注意转置卷积如何将 3×3 的输入转换成 6×6 的输出。整个过程与例 2 正好相反。例 2 使用相同大小的卷积核和步长，将一个 6×6 的输入转换成 3×3 的输出。

实现这个例子的 PyTorch 代码为：

```
nn.ConvTranspose2d(in_channels, out_channels, kernel_size=2,
stride=2)
```

C.6　例6: 转置卷积，步长为1，无补全

在第 5 个例子中，为了简单演示它的工作原理，我们将步长设为 2。在本例中，我们将步长设为 1。

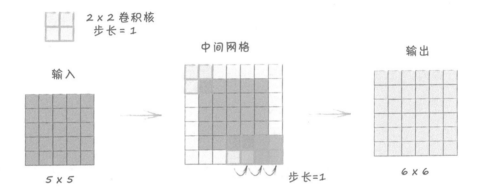

整个过程与之前完全相同。由于跨度是 1，因此在中间网格中的原始方格的间隔是 1，即没有空隙。接着，我们使用附加外环来扩展中间网格，使卷积核在左上角仍然可以覆盖到一个原始方格。然后，我们用卷积核以步长为 1 在这个 7×7 的中间网格上移动，最后得到一个 6×6 的输出。

整个过程与例 1 相反。

实现这个例子的 PyTorch 代码为：

```
nn.ConvTranspose2d(in_channels, out_channels, kernel_size=2,
stride=1)
```

C.7 例7: 转置卷积，步长为2，有补全

在这个转置卷积的例子中，我们加入补全。与普通的卷积不同，之前补全的作用是扩展图像。在这里，补全的作用是缩小图像。

我们有一个 2×2 的卷积核，步长设为 2，输入大小为 3×3，补全设为 1。

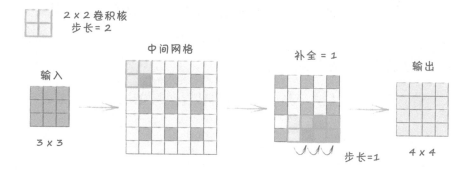

首先，与例 5 一样，我们创建中间网格。接着，我们将原始方格的间距设为 2，并扩展网格四周，使卷积核可以覆盖其中一个原始值。

因为补全被设为 1，所以我们从网格周围去掉 1 个环。再将卷积核应用到这个网格中，得到了一个 4×4 的输出。

实现这个例子的 PyTorch 代码为：

```
nn.ConvTranspose2d(in_channels, out_channels, kernel_size=2,
stride=2, padding=1)
```

C.8 计算输出大小

假设输入是一个正方形，宽度和高度相等。那么，计算卷积输出大小

的公式是：

$$输出大小 = \left\lfloor \frac{(输入大小) + 2 \times 补全 - (卷积核大小 - 1) - 1}{步长} \right\rfloor + 1$$

L 形括号的意义是取括号内数值的数学下限（floor），也就是一个小于或等于给定值的最大整数。例如，2.3 的下限是 2。

如果我们用这个公式计算例 3 的输出大小，则输入大小 =6，补全 =1，卷积核大小 =2。L 形括号内的计算是（6+2-1-1）/2+1，结果是 4。4 的下限是 4，也就是输出的大小。

同样，假设输出是方形张量，则计算转置卷积输出大小的公式是：

$$输出大小 = (输入大小 - 1) \times 步长 - 2 \times 补全 + (卷积核大小 - 1) + 1$$

让我们试着计算例 7，输入大小 =3，步长 =2，补全 =1，卷积核大小 =2。计算结果是 2×2 - 2 + 1 + 1 = 4，所以输出的大小是 4。

在以下 PyTorch 的参考页面中，我们可以阅读更多可以应用于矩形张量的通用公式以及一些额外的设置选项，我们在这里就不一一介绍了。

- nn.Conv2d https://pytorch.org/docs/stable/nn.html#conv2d

- nn.ConvTranspose2d https://pytorch.org/docs/stable/nn.html# convtranspose2d

附录D　不稳定学习

D.1　梯度下降是否适用于训练 GAN

在训练神经网络时，我们需要找到一组可以使损失最小化的可学习参数。通常，我们通过梯度下降，寻找损失函数下降路径，以实现这一目标。这是一个非常好的研究领域，目前的技术已经比较成熟了。比如，Adam 优化器就是一个很好的例子。

然而，GAN 的原理与简单的神经网络不同。生成器网络和鉴别器网络试图实现相反的目标。GAN 与对抗式博弈很相似，参与博弈的其中一方试图将目标最大化，而另一方则试图将目标最小化。每一个动作都会抵消对手前一个动作产生的效益。

梯度下降是否适合这种对抗式博弈呢？这个问题看起来没什么必要，答案却是相当有趣的。

D.2　简单的对抗案例

下面是一个非常简单的目标函数：

$$f = x \cdot y$$

玩家 1 控制着 x 的值，试图使 f 最大化；玩家 2 控制着 y，试图使 f 最小化。

让我们通过可视化更直观地了解这个函数。下面的 3 幅曲面图，从 3 个不同角度观察 $f = x \cdot y$。

$$f = x \cdot y$$

可以看到，$f = x \cdot y$ 的表面形状类似一个马鞍（saddle）形。这意味着，沿着其中一个方向，函数值先升后降；但在另一个方向，函数值先降后升。

下图表示同一个函数，f 的值用颜色来表示，同时标出了梯度增加的方向。

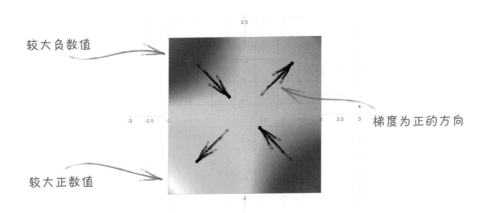

如果凭直觉来解决这个对抗式博弈，我们大概会认为最优解在马鞍的中间位置，也就是（x,y）＝（0,0）。在这里，如果玩家 1 设置 $x=0$，那么，无论玩家 2 如何选择 y，都不能影响 f 的值。同样地，如果 $y=0$，则任何 x 都不能改变 f 的值。此时，f 的实际值也是最好的折中方案。在函数的其他位置，比 f 大或者比 f 小的值同样多。因此，这个折中方案应该能让双方都满意——或者不满意！

通过 math3d.org 网站，我们可以互动式地探索这个函数曲面：

- https://www.math3d.org/wz85eIlP ；

- https://www.math3d.org/x6xNjkaR 。

现在，让我们脱离直觉，通过梯度下降模拟两个玩家。玩家各自试图找到一个对自己最优的方案。

我们在《Python 神经网络编程》中学习过，调整参数的幅度很小，并取决于目标函数的梯度。

$$x \rightarrow x + lr \cdot \delta f/\delta x$$

$$y \rightarrow y - lr \cdot \delta f/\delta y$$

以上两个更新参数的表达式有不同的正负符号。原因是，y 试图通过梯度向下移动使 f 最小化，而 x 试图通过梯度向上移动使 f 最大化。而 lr 就是正常的学习率。

由于 $f=xy$，以上表达式可以写为：

$$x \rightarrow x + lr \cdot y$$

$$y \rightarrow y - lr \cdot x$$

接着，我们可以通过代码来挑选 x 和 y 的初始值，再重复使用表达式来更新 x 和 y 的值。

下图显示了 x 和 y 的值在训练过程中的变化。

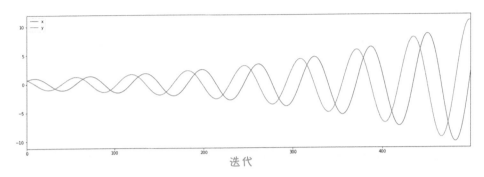

从图中可见，x 和 y 的值并不会收敛，而是以越来越大的幅度振荡。即使尝试使用不同的起始值，也无法改变这一现象。降低学习率只会将发散推迟，仍然无法避免。

情况不太好。它表明，梯度下降在这个简单的对抗式博弈中无法找到合理的解决方案。更糟糕的是，这种方法会导致灾难性的发散。

下图将 x 和 y 值同时画出。我们可以看到，数值以理想点（0,0）为圆心绕行，但是渐行渐远。

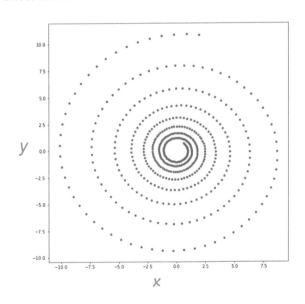

从数学上可以证明（见下文），最优的情况是，(x, y) 以（0,0）为圆心，围绕着固定圆形轨道运转，却不接近。但这只在更新步长无限小的情况下才会发生。一旦步长有限时（比如，用离散单元模拟连续过程），轨道就会发生发散。

以下链接中包含使用梯度下降进行对抗博弈的代码：

- https://github.com/makeyourownneuralnetwork/gan/blob/master/Appendix_D_convergence.ipynb

D.3 梯度下降并不适合对抗博弈

我们已经证明，梯度下降在一个目标函数非常简单的对抗式博弈中无法找到解。事实上，它不仅找不到解，还会出现灾难性的偏离。在正常情况下，用梯度下降最小化函数至少可以保证找到一个最小值，即使不是全局最小值。

这是不是说 GAN 的训练普遍都会失败呢？

事实上，在真实数据上应用 GAN 时，产生的损失曲面非常复杂，这可以降低失控发散的机会。这就是为什么在本书中所演示的 GAN 的训练效果相当好。不过，前面的分析解释了训练 GAN 的困难性，并可能会变得很混乱。围绕着一个合理解绕行，也可能解释了为什么许多简单的 GAN 似乎会随着训练进行发展出不同的模式崩溃，而无法提高图像质量。

简单来说，对于 GAN 使用梯度下降是错误的，即使它在很多情况下的效果还不错。针对 GAN 的对抗式设计合适的优化技术，目前是一个开放的研究问题，一些研究者已经发表了令人鼓舞的结果。

D.4 为什么是圆形轨迹

我们在上面说过，当两个玩家分别用梯度下降，从相反方向优化 $f=x \cdot y$ 时，(x, y) 的轨迹是一个圆形。这里，我们通过数学证明这个现象。

首先，让我们看一下更新 x 和 y 的表达式。

$$x \rightarrow x + lr \cdot y$$

$$y \rightarrow y - lr \cdot x$$

通过以下表达式，我们可以计算 x 和 y 对时间 t 的变化：

$$dx/dt = lr \cdot y$$

$$dy/dt = - lr \cdot x$$

如果我们计算对 t 的二次导数，得到：

$$d^2x/dt^2 \quad = + lr \cdot dy/dt \quad = - lr^2 \cdot x$$

$$d^2y/dt^2 \quad = - lr \cdot dx/dt \quad = - lr^2 \cdot y$$

根据代数法则，$d^2y/dt^2 = -a^2x$ 的解是 $y = \sin(at)$ 或 $y = \cos(at)$。为了对应上面的一次导数，我们将 x 和 y 分别写为：

$$x = \sin(lr \cdot t)$$

$$y = \cos(lr \cdot t)$$

这正是定义一个圆的公式，圆心在 $(0, 0)$，其角速度是 lr。这就解释了为什么 (x,y) 的轨迹是一个圆。

附录E　相关数据集和软件

E.1　MNIST 数据集

MNIST 数据集的官方资源来源于杨立昆的网站：

- http://yann.lecun.com/exdb/mnist/index.html

数据根据知识共享署名 - 共享 3.0 许可（Creative Commons Attribution-Share Alike 3.0 license）分享：

- https://creativecommons.org/licenses/by-sa/3.0/

E.2　CelebA 数据集

CelebA 数据集的资源来自香港中文大学多媒体实验室：

- http://mmlab.ie.cuhk.edu.hk/projects/CelebA.html

数据集只被允许用于非商业研究和教育用途。本书已获得许可，允许提供使用本数据集进行实验的说明。不过，我们不会使用数据集中的原始图像，只显示由 GAN 生成的图像。

E.3　英伟达和谷歌

NVIDIA® 和 CUDA ™ 是英伟达（NVIDIA®）公司的注册商标。

CoLaboratory™，又被称为 Colab，是谷歌（Google）公司的注册商标。Google 和 Google 的标志表示 Google LLC 的注册商标。

E.4　开源软件

我们感谢开源社区提供强大的软件、分享知识，并支持鼓励我们。